大空间建筑腔体自然通风

Natural Ventilation of Cavity for Large Space Buildings

夏柏树　白晓伟　张　宁　著

中国建筑工业出版社

图书在版编目（CIP）数据

大空间建筑腔体自然通风=Natural Ventilation of Cavity for Large Space Buildings / 夏柏树，白晓伟，张宁著. —北京：中国建筑工业出版社，2021.9（2022.7 重印）

ISBN 978-7-112-26121-5

Ⅰ. ①大… Ⅱ. ①夏… ②白… ③张… Ⅲ. ①建筑—自然通风—建筑设计—研究—北方地区 Ⅳ. ① TU834.1

中国版本图书馆CIP数据核字（2021）第079227号

责任编辑：刘　静　陆新之
版式设计：锋尚设计
责任校对：赵　菲

大空间建筑腔体自然通风
Natural Ventilation of Cavity for Large Space Buildings
夏柏树　白晓伟　张　宁　著

*

中国建筑工业出版社出版、发行（北京海淀三里河路9号）
各地新华书店、建筑书店经销
北京锋尚制版有限公司制版
北京中科印刷有限公司印刷

*

开本：787毫米×1092毫米　1/16　印张：10¼　字数：227千字
2021年6月第一版　2022年7月第二次印刷
定价：**79.00**元
ISBN 978-7-112-26121-5
（37707）

前言

以体育中心、会展中心、文化中心、交通枢纽等为代表的大空间公共建筑，是改革开放以来国家各级城市大规模建设的重要内容。进入 21 世纪，伴随着绿色思想的兴起、绿色生活的普及和绿色技术的突破，在社会大众普遍关注大空间建筑的基础设施功能、地域文化形象、新兴技术运用的基础上，绿色性能逐渐成为大空间建筑设计的热点。从 2014 版《绿色建筑评价标准》（GB/T 50378—2014）强调节地、节能、节水、节材和环境保护，到 2019 版《绿色建筑评价标准》（GB/T 50378—2019）的安全耐久、健康舒适、生活便利、资源节约、环境宜居，对大空间建筑的绿色设计要求越来越高。

广义上的绿色建筑，涉及建筑本体的建设场地、外部形态、内部空间、结构体系、配件构造、设备设施、资源材料等，以及满足人体安全舒适要求的空气质量、声光热环境、便利服务、信息服务等内容，在建筑工程设计、建造、运维、管理的全部专业和所有环节均有不同程度的体现。但是，从建筑师和建筑创作的角度看，在空间形态和构造处理方面采取适宜的技术和方法，实现健康舒适、资源节约依然是被动设计研究的重点。

在大空间建筑被动式绿色设计方面，相关空间环境分为三个层次：一是外部自然环境，包括风、光、热、湿、太阳辐射等物理环境；二是规模巨大、形态单一、集中使用的室内大空间，承载着群体性的功能需求；三是室外环境和室内空间之间的围护界面，涉及建筑形体、材料、构造等，目标在于抵御外部不利环境的影响，营造适宜人群活动的室内环境。为了在外部环境变化和室内环境舒适之间实现平衡，可以采取两种途径。一是强化围护界面的物理性能，屏蔽外部环境的不利影响，避免不必要的室外物质能量干扰，从而保证室内环境的舒适度。从这一角度看，外环境是负面的，人类早期的建造活动和建筑生产主要体现的就是这一原始逻辑。二是强调建筑对环境的适应性，重视室内外物质和能量的积极交换，把有效获取看作应对环境变化的积极手段。在这一方面，自然界的动物、植物给予人类很多适应性生存的启示，形成了较多适应性的建筑智慧。进入工业社会之后，技术的革新使得我们在屏蔽自然、保护自我的道路上愈发进步，反而在适应方面放弃了很多。

在大空间建筑适应性设计方面，为实现内部环境的舒适宜居，对围护界面采取绿色设计是一种可行的路径。但受到大空间尺度的影响，外界面的调节作用难以达到较大的进深，自然限制了外界面的绿色效能。在这样的逻辑下，在大空间中引入腔体这一特有的构造方式，发挥其突出的气候适应和调节能力，成为我们关注和研究的重点。

从本质上讲，腔体为一种通道，是在不同层级、不同特质的空间环境之间，通过空气流通实现物质、能量交换的通道。从表现上看，腔体包括井道、中庭、天井等类型，其共同特征是一侧与室内大空间相连，另一侧直通室外或设有开口通向室外，在大进深的大空间内部与室外环境之间，建立起直接的气流交换通道，有效促进室内空气的流通，进而调整室内的风速、温度、湿度等人体舒适度指标。

腔体的绿色效能，在原理上是风压、热压等综合作用下的流体动力学的反映。对建筑师而言，如果从流体动力学的计算角度来探讨腔体自然通风的效果，显然不切合实际。因此，在早期的腔体设计研究领域，多采取定性判断、定性分析的方法来说明腔体的通风作用。由于缺乏数据分析的支持，难以确切说明腔体自然通风的效果。进入 21 世纪，随着计算机模拟软件的引入，可以对数字化建筑模型进行通风模拟，输出通风效果评价指标，提高了腔体通风研究的科学性。本书即基于流体动力学及其软件模拟平台，对大空间建筑和腔体的数字模型进行通风效果模拟，来揭示腔体自然通风的作用和规律。

腔体的自然通风研究总体分两个层次：一是关于腔体本体的通风机理研究，目的在于揭示腔体通风的效能和规律；二是关于腔体在大空间建筑中的布置研究，借助实际案例来说明腔体应用的典型模式。

在第一层次研究中，重点关注腔体的形态、尺度和开口设置等对大空间自然通风效果的作用。采取的技术路线是淡化大空间建筑复杂、具象的形态表现，将其简化为外界面均匀排布窗洞的正方形平面、高度适中的立方体，用来营造相对单一、稳定的室内风环境。先以井道腔体为例，将其置于大空间的中部，在 CFD 软件平台上建立基础实验模型，把腔体的截面边长、高度，腔体上开口和下开口的宽度、高度、距离地面及屋面的高度等设为实验变量。对其中任一变量，在一定的取值范围内取若干参数，在其他变量取定值的情况下，依次输入实验模型，对应输出平均风速、平均空气龄、风流量等评价指标，以及大空间某一截面的空气龄分布云图、风速分布云图，对这些指标和云图进行回归分析、相关性分析和可视化分析，以此判断腔体通风的效果，阐释腔体通风的机理和规律。然后按以上流程，对中庭和天井腔体的各个变量接续逐一开展模拟实验，进一步揭示腔体本体的通风效能。

在第二层次的研究中，重点关注大空间与井道、中庭、天井三类腔体的空间位置关系，从实际工程案例中归纳出大空间中腔体布置的可行模式。采取的技术路线是广泛调研、借鉴采用腔体自然通风的实际项目，分析建筑的通风需求，概括腔体的形态特征，在井道、中庭、天井三类腔体与大空间处于内置、外置、混合布置三种空间关系下，总结腔体布置的类型和特征，为建筑师采取腔体自然通风的设计提供参考。

总体上来讲，遵循流体动力学原理的数字模拟实验和借鉴统计学的回归分析、相关性分析，为腔体自然通风开辟了定量研究的崭新领域，有助于建筑师更加深刻地理解腔体的绿色效能；基于案例总结的腔体布置模式研究，为建筑师提供了广阔的选择空间。二者的有机结合将有效提升大空间建筑中腔体植入的理论与实践水平。

目录

第3章 腔体自然通风的实验模拟 / 049

第1章

大空间建筑概述

从古至今，大空间建筑均代表着相应时期工程技术与建筑艺术的最高水平，并在人类社会生活中扮演着重要角色。随着科技发展和社会进步，人类对大空间的需求逐渐趋于多元化，大空间建筑的范畴也因此逐步扩大，形成了种类繁多的大空间建筑门类，成为现代城市生活的重要载体。

在大空间建筑蓬勃发展的同时，人们对其室内环境品质的要求也不断提高。大空间建筑不仅尺度巨大、形态独特，而且功能多样、运行复杂，内部环境与常规建筑差异显著。为满足多元化的使用需求，大空间建筑普遍采用主动式手段进行内部环境调节，由此导致巨大的能源和资源消耗。在可持续理念的引导下，自然通风作为一种高效低耗的被动式技术手段，逐步成为大空间建筑室内环境调控的有效途径。本章首先对大空间建筑的概念与内涵进行深入解析，然后对各类大空间建筑的使用功能、空间模式和通风特征进行系统梳理，剖析大空间建筑自然通风所面临的诸多问题。

1.1　大空间建筑的定义与类型

空间是建筑的本质属性，承载了人类的各种生活需求。本节首先在空间本质上对大空间建筑进行概念界定，以此为基础对其涵盖范围内各建筑类型的空间特征进行解析。

1.1.1　大空间建筑的定义

顾名思义，“大空间建筑”的主体是“建筑”，“大空间”是对“建筑”的修饰与限定。其中“大”既是“量”的具体描述，也属于哲学上“度”的抽象表达。[①]“大空间建筑”相对于常规建筑而言，具有如下基本特征：

①空间尺度大，内部空间无遮挡、无阻隔，能够满足特定的

① 胡仁茂．大空间建筑设计研究［D］．上海：同济大学，2006.

大规模使用需求；

②结构跨度大，技术含量高，代表相应时期科学技术发展水平；

③聚集人数多，是进行群体性社会活动的必需场所；

④凝聚特定时期人类共同的艺术与精神需求。

基于上述特征，学者们结合各自研究领域分别对大空间建筑进行了定义。从结构领域看，大空间建筑与大跨度建筑内涵是相通的。《中国土木建筑百科辞典》中的定义为，“大跨度公共建筑是指屋盖结构跨度在80m以上的建筑，在这个概念涵盖的范围内，有一些建筑如体育、观演、会展、交通建筑等，由于功能要求内部空间必须是完整的无柱大空间，这些建筑称为大空间建筑”①；在《中国大百科全书·建筑园林城市规划》中，大跨度结构被定义为“横向跨越30m以上空间的各类结构形式的建筑，多用于民用建筑中的影剧院、体育馆、展览馆、大会堂、航空港候机大厅、火车站候车大厅及其他大型公共建筑，工业建筑中的大跨度厂房、飞机装配车间和大型仓库等”②；还有学者从空间尺度和容积方面对大空间建筑进行定义，提出“大空间建筑主要是指高度大于5m，体积大于10000m^3的多功能大跨建筑”③。

本书对上述定义进行凝练，考虑到当今大空间建筑形式高度多样化的事实，将大空间建筑定义为“空间跨度大于30m，高度大于5m，能够开展特定群体性社会活动的建筑”。本定义兼顾了大空间建筑的空间、结构和使用特征，同时涵盖了体育建筑、会展建筑、观演建筑和交通建筑等大空间建筑的主要类型。

1.1.2　大空间建筑的类型

大空间建筑范围广泛，涉及民用建筑、工业建筑等建筑门类。本研究重点关注民用大空间建筑，包含体育建筑、会展建筑、观演建筑和交通建筑等类型。本节将分别阐述各建筑类型的功能和空间特点，并对其通风特征展开初步论述。

1.1.2.1　体育建筑

（1）概念与分类

体育建筑是供体育竞技、体育教学、体育娱乐和体育锻炼等活动使用的建筑设施。④按运动类型可分为体育场、体育馆、游泳馆、射击馆等类型；按使用类型可分为竞赛场

① 李国豪，等. 中国土木建筑百科辞典·建筑［M］. 北京：中国建筑工业出版社，1999.

② 中国大百科全书总编辑委员会. 中国大百科全书·建筑园林城市规划［M］. 北京：中国大百科全书出版社，2004.

③ 范存养. 大空间建筑空调设计及工程实录［M］. 北京：中国建筑工业出版社，2001.

④ 中国建筑工业出版社，中国建筑学会. 建筑设计资料集（第三版）：第6分册　体育·医疗·福利［M］. 北京：中国建筑工业出版社，2017.

馆、训练场馆和全民健身中心等类型。由于运动场地规模和看台容量对建筑空间大尺度和整体性的要求，体育建筑基本都属于大空间建筑。本书旨在探讨大空间建筑的自然通风特征，因此研究对象聚焦于具有室内封闭空间的体育馆、训练馆及健身中心等室内场馆，不包括体育场、网球场等开放性室外体育设施。

（2）功能空间特点

专业的竞技类体育馆一般包括比赛厅、公共空间和附属用房三大功能区域。比赛厅是体育馆的主体大空间，除承载基本的体育运动和竞赛等功能外，还需营造良好的温度、风速、声学和视觉条件以满足体育赛事对室内环境的特殊要求。基于上述要求，体育馆的比赛厅空间多独立设置，并与其他空间保持明确的界限。运动场地通常位于比赛厅的核心区域，常见的场地形状有矩形、圆形、椭圆形等。此外，围绕比赛场地的观众席也是竞技类体育馆建筑的重要组成部分，不仅要满足观众观看比赛的视线与声学要求，还要为观众提供舒适的空间环境。由于运动场地与观众席位于同一大空间内，二者的布局方式在很大程度上决定了体育馆整体空间形态。

在非竞技类体育建筑中，综合训练馆主要供专业运动员使用，健身中心主要面向市民的日常锻炼，二者均以训练和健身为基本功能单元组合而成。该类建筑具有功能多样、设施齐全、空间组织灵活、社会服务性强等特点。① 综合训练馆和健身中心包括训练厅、健身房、服务用房、公共空间和附属设施，具体的空间尺寸和功能布局视使用性质、功能类别、建设规模和服务对象不同而定。大空间训练厅通常具备多功能转换能力，通过灵活的分隔与整合，能够兼顾多种运动项目训练及健身的功能需求。在综合训练馆及健身中心中，多个功能空间的立体叠加组合是常见的空间布局模式，通过水平拼合、竖向层叠等组合方式可以在有限用地内营造出丰富的运动空间。

（3）自然通风特征

运动人员的活动强度大、新陈代谢水平高，因此对室内温度、湿度、风速等环境要素更为敏感，同时也对运动空间内部的环境条件提出了更高的要求。受空间尺度、空间组合方式及比赛工艺要求等方面因素的影响，体育建筑内部的通风有其特殊性，需要针对不同的使用性质，采取相应的自然通风控制策略。

对于竞技类体育馆建筑而言，其承载的运动项目可以分为两类：大球类运动包括篮球、排球等项目；小球类运动包括羽毛球、乒乓球等项目。大球类项目对风环境的要求相对宽松，而小球类项目则对气流的稳定性、速度指标等要求十分严格。由于自然通风的稳定性较差且难于控制，在比赛期间引入自然通风将会对比赛的公正性及观赏性产生不利影响，因此在专业的竞技类体育馆内部通常采用机械方式进行通风。尽管体育比赛的工艺要求对体育馆室内通风提出了严苛的标准，但建筑师不应因此而放弃自然通风，而是应积极

① 中国建筑工业出版社，中国建筑学会．建筑设计资料集（第三版）：第 6 分册　体育・医疗・福利［M］．北京：中国建筑工业出版社，2017.

应用热压和风压作用的基本原理，探索自然通风在体育馆建筑中的应用策略。此外，群众性日常锻炼已经成为体育场馆赛后综合利用的重要方式，其对室内风环境的要求相对较低，从降低场馆运营成本、提高环境舒适度的角度出发，可以增加对自然通风的利用程度。因此，对于竞技类体育建筑，在比赛中要以机械通风为主以保证比赛的正常进行，谨慎采用自然通风，而在日常健身锻炼的模式下需要强化自然通风。上述使用模式的切换要求体育馆建筑的自然通风性能具备较强的适应性，需要兼顾专业比赛与健身锻炼的环境需求。

对于日常使用频率较高的综合训练馆和健身中心而言，功能定位并不是面向专业赛事，因此其通风标准可适当降低，从而使自然通风成为一种可行的环境调控策略。同时，综合训练馆和健身中心内部高大的空间尺度、灵活的空间布局及竖向空间的利用也为自然通风的组织提供了可能，可以在结合运动功能的基础上围绕通风路径展开空间设计。综上所述，综合训练馆和健身中心应采用“自然通风为主，机械通风为辅”的基本策略，以降低运营成本，提高场馆综合效益。

1.1.2.2　会展建筑

（1）概念与分类

会展建筑是会议建筑和展览建筑的总称。会议建筑是具有一定规模的、以举办各类型会议为主要功能的建筑，内部包括不同类型和规模的会议厅、会议室、餐饮设施和其他配套附属设施。展览建筑则是由单一或多个展览空间组成，用于举办展览活动的建筑物。当今会议和展览活动日趋融合，形成“展中有会、会中有展”的共生模式，因此会议建筑与展览建筑往往一并提及，即会展建筑。[①] 此外，会展建筑已远不局限于单纯举办会议和展览活动，而是演化成集餐饮、住宿、商业、娱乐、办公和文化等多种功能于一体的大空间综合体建筑，成为人们开展娱乐活动、商务工作和文化生活的公共场所。

（2）功能空间特点

为了满足复合化的功能需求，会展建筑内部通常包含多个大空间，且空间组合方式灵活多样、复杂多变。竖向维度上，为了实现展厅面积的最大化和空间的紧凑布局，大空间展厅的竖向层叠已经成为一种广泛应用的设计策略。单层大空间展厅周边对应布置多层常规高度的附属空间，形成大空间和常规空间的集约化布置。横向维度上，对于规模较小的会展建筑，通常采用附属空间沿大空间两侧或四周布置的空间组合形式，形成两侧式或环绕式的布局方式。随着会展建筑的规模不断扩大，可结合设计条件采取更为复杂的空间组合模式，例如可将多个大空间展厅围绕一个核心庭院进行布置，形成“内院式”的布局模式，也可以一条公共交通主轴为核心，周边并列排布一系列大空间展厅，利用核心交通

---

① 中国建筑工业出版社，中国建筑学会. 建筑设计资料集（第三版）：第 4 分册　教科・文化・博览・观演［M］. 北京：中国建筑工业出版社，2017.

空间实现对各展厅空间的引导与组织。

（3）自然通风特征

为了保证在有限的空间内获得最多的展位数量并保持交通流线的畅通，单个大空间展厅通常采用矩形的平面形式。由于展览类建筑大尺度的特征，大空间展厅在进深方向较易突破风压通风的尺寸限制，而展厅内部分布的展区隔断则会进一步加剧气流在行进过程中的风速衰减。此外，在会展建筑中多个展厅经过立体叠加组合后会进一步降低大空间与外部环境的接触机会，由此导致自然通风的难度进一步加剧。尽管存在上述自然通风的难点，会展建筑的功能和空间特性也使其在自然通风方面具备一些独特的优势和潜力。与体育建筑和观演建筑相比，一方面，会展建筑的围护界面通常呈现出较为开放的特征，而且不受观众席的制约，可以自由选择界面风口的形式和位置；另一方面，会展建筑的高度优势使内部空间在垂直方向上产生温度分层效应，从而在热压作用的驱动下形成较为稳定的自然通风。综上所述，在满足建筑功能和场地条件等设计因素的要求下，应尽量增加大空间展厅与外部环境直接接触的界面，为气流的引导提供可能。同时，充分利用大空间展厅的高度优势，结合空间组合方式设定气流运动路径，使建筑空间本身作为空气流经的通道，引导气流在建筑内部的连续运动。

1.1.2.3　观演建筑

（1）概念与分类

观演建筑涵盖的功能较为广泛，如歌舞、音乐、戏剧、电影、杂技等，对应的建筑类型包括音乐厅、剧院、电影院、文化艺术中心等。观演建筑以视听作为核心使用功能，为文艺演出和活动提供空间载体。根据不同的建筑规模，观演建筑内部既可以包含一个观众厅，也可以包含多个组合型的观众厅[①]。观演建筑是典型的大空间建筑，在满足表演、放映等功能的同时，为观众提供宽敞舒适的观赏空间。观演建筑是城市中重要的文化设施，不仅为观众欣赏文艺演出提供场所，还为市民开展社会交往与文化交流创造平台。

（2）功能空间特点

观演建筑的主要功能空间包括观众厅、舞台、门厅、休息厅、附属空间等，其中观众厅和舞台是观演建筑的核心组成部分。观众厅是典型的高大空间，属于观演建筑中“观”的空间，汇集了观演建筑中涉及的主要技术问题，如声学、光学、通风、结构等。观众厅尺寸的确定不仅取决于观众席的座席规模，同时还受到声学和视线设计要求的限定。针对不同类型的文艺演出，观众厅内的最远视线距离、观众席的最大俯角及观众厅的高度等尺寸均需控制在一定范围之内。舞台也是高大空间，属于观演建筑中“演”的空间，是保证观演建筑正常运行的必备空间。根据不同演出类型的要求，舞台在尺寸和形式上有所差异。整体而言，由于机械设备的要求，舞台的平面尺寸明显小于观众厅，但其空

---

① 李传成．大空间建筑通风节能策略［M］．北京：中国建筑工业出版社，2011.

间高度通常远高于观众厅空间。观演建筑的门厅和休息厅主要承载交通集散和交往休憩的功能，平面形态和布局方式灵活自由，空间高度较大，通常竖向贯穿多层空间。观演建筑的附属空间主要包括化妆、休息、道具等演出配套用房和管理办公用房，是保证“观”和“演”两大核心功能正常运转的必要基础，多采用常规的空间尺度。

根据观众厅数量的多少，可将观演建筑分为单观众厅模式和多观众厅模式。① 在单观众厅模式下，观众厅作为整个观演建筑的核心，其他空间如舞台、门厅、休息厅及辅助用房均围绕这一中心进行布置。在中心式布局模式的主导下，观众厅的形状、尺寸和方位要素等往往决定了其他空间的分布和形态，进而影响了整座观演建筑的空间格局。当观演建筑需要涵盖多个观众厅时，各观众厅既可以通过公共交通空间连通组合，也可以通过一个巨型结构进行覆盖和包络，形成完整简洁的外部形态。

（3）自然通风特征

作为观演建筑的核心组成部分，观众厅对声学、视线条件及环境稳定性的设计要求较高，通常以完整封闭的空间形式出现。在这种情况下，由于无法引入自然通风，观众厅普遍采用机械系统进行通风的控制。然而，观演建筑存在间歇性运营的特征，除了承担专业的艺术演出外，还可以用于日常性的文艺排练或其他公共活动，这也为自然通风的应用提供了可能。在已建成的各类观演建筑的设计项目中，不乏一些运用自然通风的成功案例。例如在剑桥大学建筑系肖特教授设计的英国莱彻斯特德蒙特福特大学女王楼中，通过在中央报告厅周边引入通风井道实现了观演建筑中大空间的自然通风，并通过设置的自动通风闸口避免了外部环境对报告厅内的不利影响。在奥雅纳事务所设计的英国天空广播公司项目中，由于引入自然通风的同时也会引入外部噪声，因此在进风口处特别设置了声音衰减装置，以减轻外部噪声对演播室声环境的影响。可见，在满足设计要求的基础上，通过适宜的技术措施在观演建筑中引入自然通风是一种可行的策略。

门厅和休息厅作为重要的交通集散和观众休息空间，对声学和视线等设计要求并无明确限定，可积极地引入自然通风以缓解建筑日常运营能耗。在公共交通空间中，可结合中庭等竖向空间进行自然通风设计，在热压作用的驱动下促进自然通风。

1.1.2.4 交通建筑

（1）概念与分类

交通建筑是服务于交通运输的公共建筑，涵盖机场候机楼、火车站、公路客运站、港口客运站、轨道交通站等多种建筑类型。交通建筑是重要的城市基础设施，通常采用大空间的建筑形式。随着科技的进步、交通工具的更迭及人们出行方式的变化，交通建筑也在不断发展和演化。在当今交通建筑的设计中，多种交通方式通常集中布置于同一建筑内部，形成集合多种交通方式并能快速转换的交通枢纽，在有限的空间内增加了交通换乘的效率。

---

① 李传成. 大空间建筑通风节能策略［M］. 北京：中国建筑工业出版社，2011.

（2）功能空间特点

交通建筑中的空间组织以交通流程为主导，内部各类空间均依据旅客交通流线进行具有方向性的组织排布，形成“进站—检票—等候—出站”的基本空间格局，其中等候空间是交通建筑的核心组成部分。由于交通建筑普遍具有使用频繁、人流量大的特点，为了保证乘客在等候空间内部连续地行进、有序地换乘、短暂地停留及休息，采用大空间来容纳候车人群的各类活动成为一种必然的选择。在开敞无柱的大空间中，人们的视线不受遮挡，既可以清晰地识别与候车有关的各类提示信息，也可以根据乘车需求快速行进和疏散。交通建筑中的大空间等候厅通常呈现出轴向性的形态特征，使乘客可以获得清晰的方位感，快速明确在空间中的行进方向。除了大空间的等候空间外，交通建筑内部还包含承载各类辅助功能的常规尺度空间，如商业、管理办公、盥洗用房等。根据交通建筑的规模和使用性质的差异，附属空间通常在大空间候车厅周边呈现不同的围合状态，如沿大空间单侧布置、双侧布置、半包围布置等形式。

（3）自然通风特征

交通建筑常年处于持续运营状态，如仅依靠机械系统对室内物理环境进行调节，无疑会产生巨大的建筑能耗，而在适宜季节内合理地运用自然通风则可以在一定程度上缓解机械系统的运行压力。因此，在交通建筑内部应结合建筑的空间组合方式和形态特征，积极地引入自然通风这一清洁的被动式技术。

在交通建筑中，等候空间高大的尺度特性成为利用自然通风的有利条件。大空间顶部接受太阳辐射后温度升高，使进出风口温差进一步增大，形成垂直方向上的温度梯度，强化了热压通风效应。在自然通风的设计中，以大空间为核心，通过侧界面和顶界面开口的协同配合，可以构建气流运动的连续路径，在热压作用下实现自然通风。考虑到交通建筑巨大的空间尺度，自然通风组织应沿空间的短轴方向进行，以尽量缩短气流的运动路径。与封闭性的观演建筑不同，交通建筑与城市空间的联系十分密切，人流进出频繁。交通建筑空间的开敞性使其容易受到室外气候条件的影响，并由此导致室内物理环境的不稳定状态。尤其在冬季和夏季，无组织的空气渗透会显著降低候车空间的环境舒适度，并带来巨大的能耗。因此，在交通建筑自然通风的利用中，应重点关注空间开敞性带来的不利影响，并利用设计手段妥善处理不利气候条件下的空气渗透问题。

1.2　大空间建筑的空间模式

如前所述，大空间建筑的功能类型丰富、表现形式多样。对于自然通风性能而言，大空间建筑的尺度、界面、空间组合模式等空间形态特征是更为本质的控制要素。因此，有必要在对大空间建筑功能类型分析的基础上，从空间构成的角度深层次剖析大空间建筑的本质特征。根据大空间建筑的空间构成模式，可将其分为均质型大空间、轴向型大空间、包络型大空间和组合型大空间四种基本类型，各空间模式如图 1-1 所示。本节首先结合实

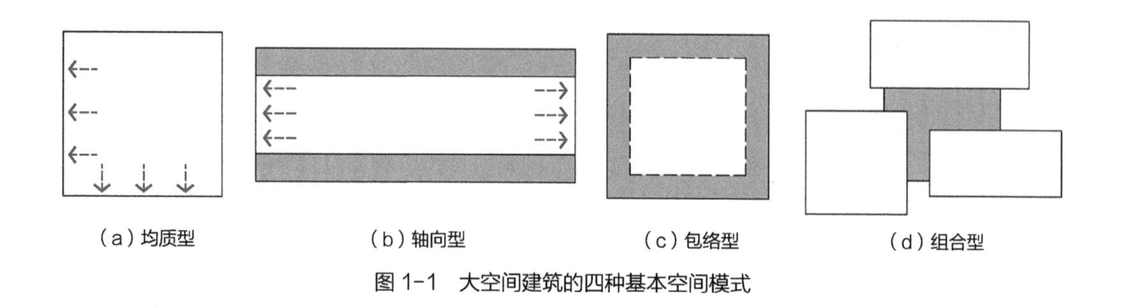

图 1-1　大空间建筑的四种基本空间模式

际案例对各种空间模式特征进行分类解析，进而探究其气流组织方式及自然通风潜力。

1.2.1　均质型大空间

均质型大空间是指功能布置相对均匀、不同方向的形态与尺度变化幅度较小、无明显差异性和方向性的大空间类型。在此类建筑的布局中，大空间居于核心位置，少量附属空间通常布置于大空间周边或底部，大空间建筑周围的界面通常直接与外界环境接触。均质型大空间的平面尺寸多依据功能要求而定，规模可以从几百平方米至数万平方米不等。均质型大空间的使用功能限定较少，具备较强的空间适应性，通过灵活的平面布置和空间转换可以满足多种类型的功能需求。

均质型大空间是一种应用广泛的空间类型，常见的如体育馆、展览馆等独立式大空间建筑。在河南省巩义市融创大数据中心的设计中，大空间展厅即采取了正方形的平面，一系列植入的竖向腔体将整个展厅划分为内、外两个空间层次，楼梯间及附属空间对称布置于平面的四个角部。在展厅内部，各方向的功能均匀分布，人们可自由地游走（图 1-2）。在成都三瓦窑社区体育中心的设计中，主体大空间运动厅采用了规则的正方形平面，运动厅的围护界面有三侧与外部环境接触，仅在一侧布置必要的附属空间。运动厅内部为统一均质的无柱大空间，布置了八块羽毛球场地，可结合功能需求进行自由划分，具备了运动功能灵活转换的可能（图 1-3）。

与其他类型的大空间建筑相比，均质型大空间建筑周围的界面通常直接与外界环境接触，且外围护界面与平面的面积之比较大，因此内部物理环境更易受外部气候条件扰动。均质型大空间在平面各方向上的尺寸接近，导致常规的水平风压通风难以到达建筑的纵深部位。针对上述问题，在均质型大空间建筑的自然通风组织中，风压结合热压通风成为一种有效的应对方式。对于内部需为统一无柱的均质型大空间而言，可以结合侧界面和顶界面的协同配合实现对气流的有效引导。在这种气流组织方式下，界面开口的面积、数量及分布状况对建筑的自然通风有重要影响。对于内部无须为统一无柱的均质型大空间而言，可以结合功能布局适当植入竖向腔体，在热压作用的驱动下，建立稳定的自然通风系统，形成更为均匀的室内自然通风。

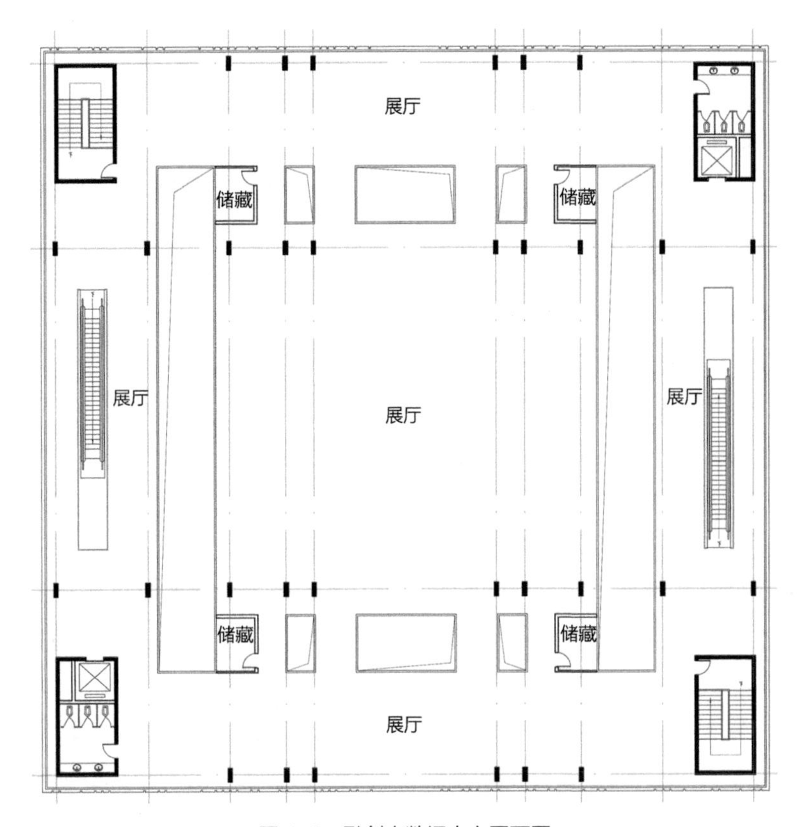

图 1-2　融创大数据中心平面图

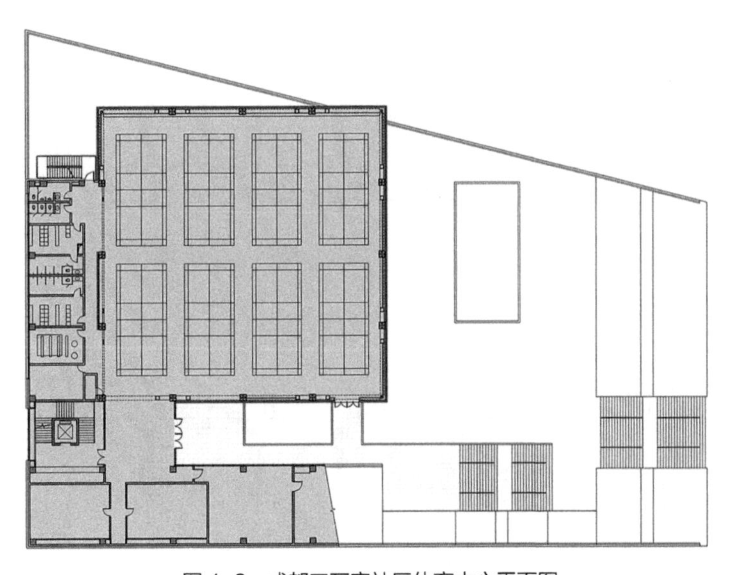

图 1-3　成都三瓦窑社区体育中心平面图

1.2.2 轴向型大空间

轴向型大空间是指平面不同方向上尺寸差异显著、可清晰识别空间的“长轴”和“短轴”，且空间形态具有明确方向性的大空间类型。在轴向型大空间内部，承载建筑核心功能的主体大空间呈线性开敞贯通，在两侧或单侧并列排布附属空间。受到功能类型和建筑规模的影响，轴向型大空间的表现形态丰富多样，但空间“长轴”和“短轴”的差异始终是其典型空间特征，如指廊式候机厅中长短轴的比例甚至可以超过 10 ： 1，形成不同方向上空间形态的显著差别。

空间主轴的引导使人们在大空间中的行进具有明确的序列感和方向性，因此轴向大空间多用于火车站候车厅、机场候机厅等交通类建筑。在交通流线的组织中，通常顺应空间形态的典型特征，沿空间长轴方向设置交通主轴以承载主干人流的行进，沿垂直于长轴方向设置分支人流路线，通往相应的目的区域。交通流线的组织层级清晰，路线简洁明确，适用于交通类建筑大规模人群快速行进和疏散的需求。

在哈尔滨西站的设计中，大空间候车厅沿空间长轴方向横跨整个城市街区，站房端部以通透开放的界面面向不同方向的城市道路，主体站房通过轴向型大空间将不同的城市空间有效衔接。站房主体的中央部位采用拱结构覆盖候车厅大空间，两侧为乘客服务设施和检票空间。候车厅高大宽敞的内部空间既是乘客的休憩空间，也是承载各类丰富活动的“城市客厅”。乘客可以通过端部的进站厅进入候车空间，沿开敞通透的长轴方向行进，并根据乘车需求快速便捷地达到相应的候车区域，整体交通体系呈现出“鱼骨式”的布局形态（图 1-4）。

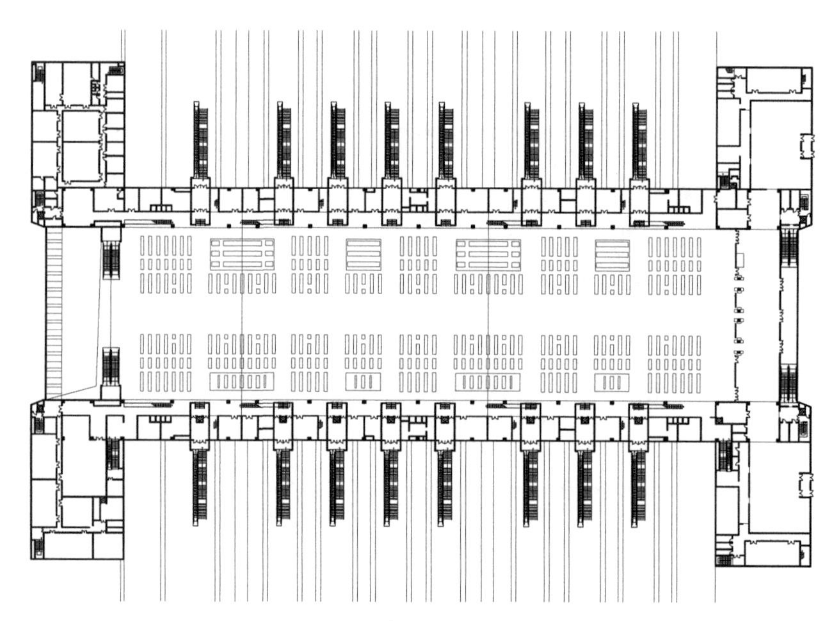

图 1-4 哈尔滨西站平面图

在岳阳民用机场航站楼的设计中，进站大厅采用了典型的轴向型大空间，附属空间沿单侧布置。轴向型大空间沿长轴方向将登机办理窗口、行李提取厅、安检及候机厅等一系列复杂的功能整合起来，乘客进入大厅后可以沿短轴方向以最便捷的路径快速达到各个功能分区（图 1-5）。

由于受到空气阻力作用及建筑内部各类物体的遮挡，气流在行进的过程中速度会不断衰减。在轴向型大空间自然通风的组织中，为了尽量缩短气流的运动路径，气流组织应沿短轴方向展开。结合附属空间的分布位置，可沿大空间长边设置通风开口，气流在热压作用驱动下沿短轴进入室内，在流经人员活动区域后通过大空间顶界面设置的通风口排出，以此构建完整的气流运动路径。

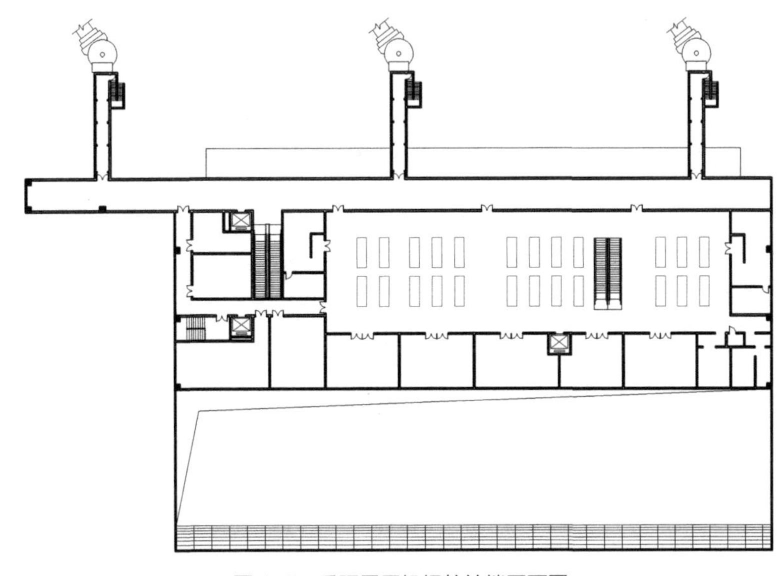

图 1-5　岳阳民用机场航站楼平面图

1.2.3　包络型大空间

包络型大空间是指单个或多个主体大空间被包络体包裹的空间类型。被包裹的大空间通常承载建筑的核心使用功能，外部的包络空间多承载人流集散、容纳辅助用房等多种功能用途，同时可以在主体大空间和外部环境之间发挥过渡和缓冲作用。在包络型大空间中，根据不同的建筑规模和功能需求，被包裹的主体空间可以是单个或多个大空间。包络型大空间实质是由包络体包裹核心空间形成的双层空间结构，其目的在于通过包络体的缓冲作用保证核心空间功能的独立性和环境的稳定性。影剧院、音乐厅等观演类建筑或竞技类体育馆建筑对核心空间的环境稳定性要求较高，因此通常采用包络型的空间模式。

在深圳坪山大剧院的空间布局中，采用了单个大空间观众厅的包络型模式。观众厅位于整座建筑的中心，占据了建筑空间的核心地位，包络体内的门厅、休息厅、办公空间、化妆间等辅助用房均围绕核心大空间布置。为了满足剧场建筑对环境稳定性的要求，观众厅空间完整封闭，包络体在核心空间与外部环境之间建立起一个缓冲屏障（图 1-6、图 1-7）。

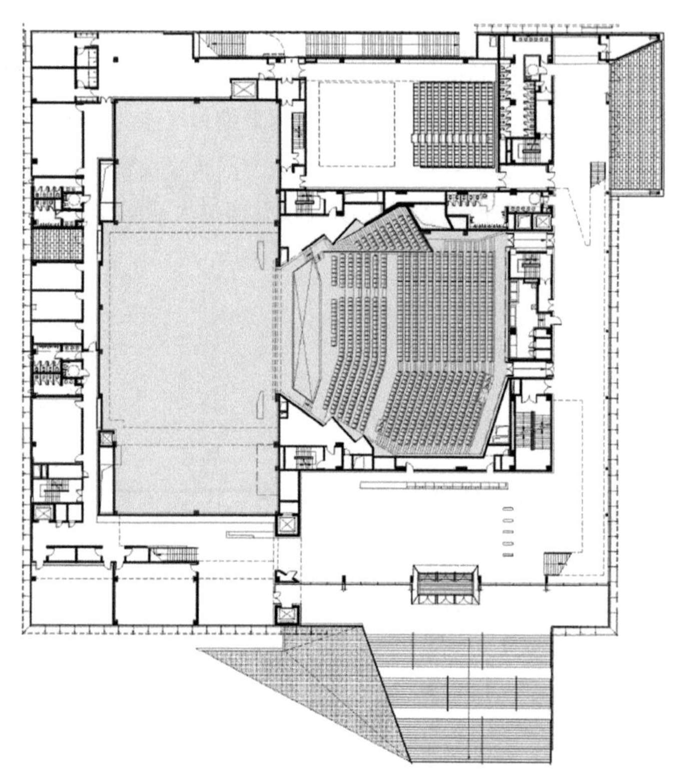

图 1-6　深圳坪山大剧院平面图

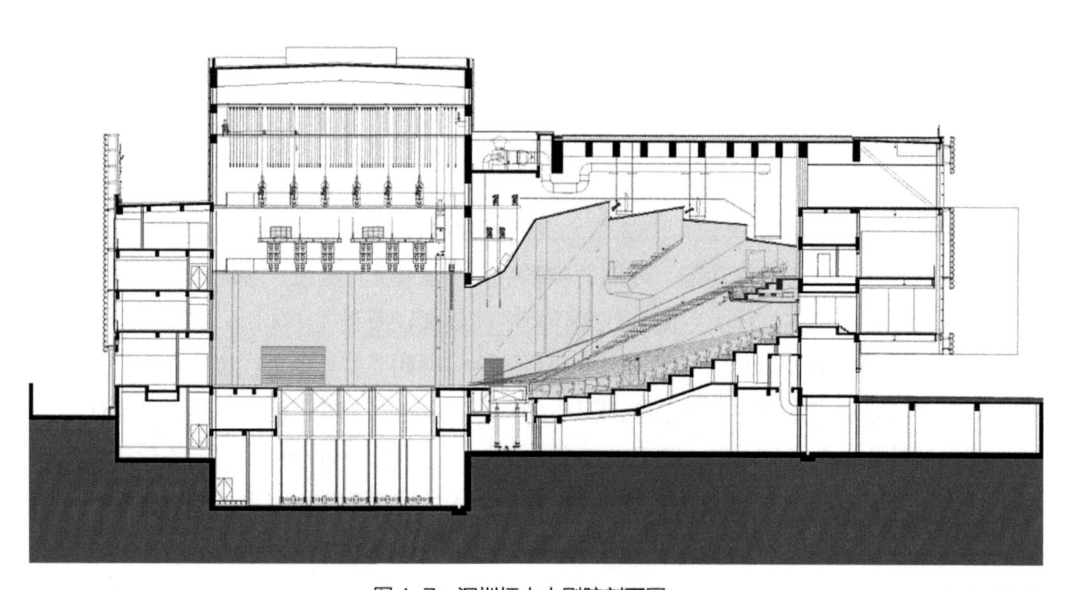

图 1-7　深圳坪山大剧院剖面图

在北京门头沟体育文化中心的空间布局中，采用了多个大空间的包络型模式。建筑的核心功能包括体育和文化两大板块：体育功能板块包括体育馆、游泳馆、全民健身中心、体育运动学校、室内冬季运动场；文化功能板块包括文化馆、图书馆、剧院、非物质文化遗产展示中心。两大板块分别设置在南、北两个功能体块中，多个承载核心功能的大空间布置于建筑中央部位，通过一组扭转的曲面形态包络成一个完整的建筑体量（图 1-8）。① 包络体内布置半室外腔体空间或必要的辅助空间，在实现空间缓冲调节的同时为核心大空间提供了一个稳定的气候边界（图 1-9）。②

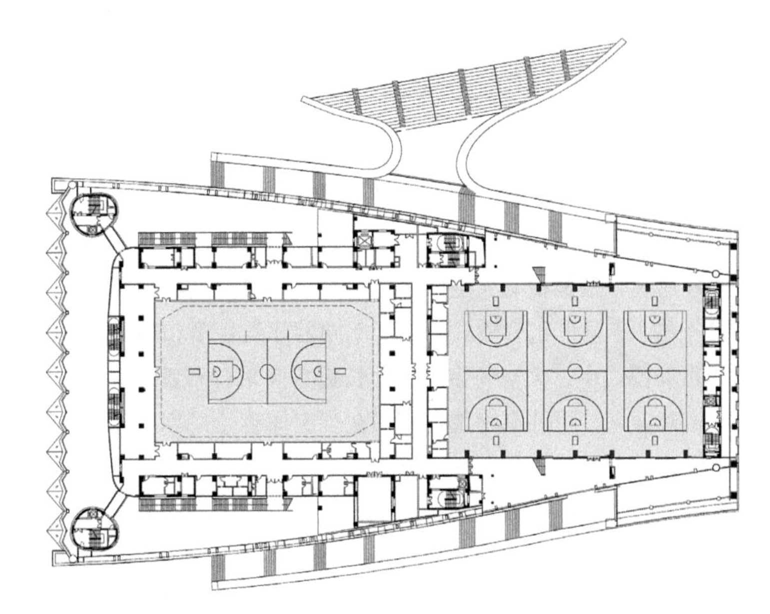

图 1-8　门头沟体育文化中心平面图

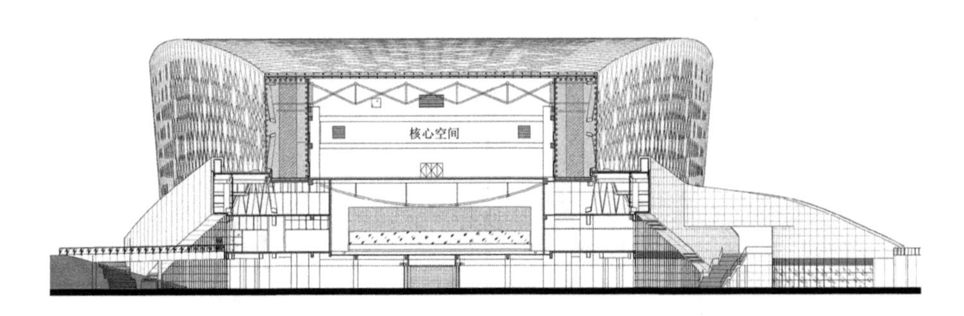

图 1-9　门头沟体育文化中心剖面图

① 郝琛，傅绍辉，吴迪．门头沟体育文化中心建筑表皮优化设计策略［J］．建筑技艺，2020，26（09）：105-107.

② 徐岩，傅绍辉，刘昱辰，等．基于设计主导的门头沟体育文化中心项目绿色设计策略研究［J］．华中建筑，2021，39（01）：82-87.

包络空间在进行气候缓冲和维持环境稳定性的同时，也使得主体核心空间部分或全部与外界隔离，由此导致环境调控中对机械系统的普遍依赖和建筑运营能耗的攀升，而适宜季节内合理地运用自然通风则可以在一定程度上缓解上述矛盾。外部的包络空间承载了交通集散、休憩娱乐、商业服务及各类附属功能，积极地采用自然通风是协调建筑能耗与环境舒适度的可行策略。在包络型的空间模式下，核心大空间与外界环境基本隔离，可采取适宜的措施通过大空间与包络体之间的界面引入气流。在使用功能允许的前提下，也可采用大空间部分包络的形式，适当增加核心大空间与外部环境接触的界面，为气流的组织提供可能。

1.2.4 组合型大空间

随着当前多元化功能需求的发展，大空间建筑的空间布局呈现出复合化的趋势，即多个大空间立体叠加组合，通过空间的高度集约整合形成紧凑的建筑布局。组合型大空间常用于会展和体育建筑，根据核心大空间的组合方式，其空间模式可以进一步拓展为并列式、垂直式和综合式，不同的组合模式适用于不同的建筑规模和功能类型。

在并列式的布局模式中，大空间多沿平面长边方向平行布置，空间布局较为紧凑。相邻大空间的功能相对独立，可共享附属空间。在国家体育总局羽毛球排球训练馆的空间布局中，两组竖向层叠的大空间运动厅并列排布，在中央部位布置入口空间及必要的辅助用房。两组大空间相互独立、互不干扰，通过中央部位的附属空间相互联系（图 1-10）。当建筑规模较大时，也可采用多个大空间并列排布的布局模式，例如在济南市全民健身活动中心的空间布局中，四组不同类型的大空间运动厅并列排布，通过紧凑的空间组合方式满足了多元化的运动需求（图 1-11）。

在垂直式的布局模式中，多个大空间沿平面长边方向垂直布置，形成紧凑的空间布局。在宁海新体育中心训练馆的空间布局中，羽毛球馆和排球馆垂直于篮球馆的长边布置，通过垂直式的布局方式将三个大空间运动厅整合进一个简洁的方形体量之中，从而在有限的用地内创造了丰富的运动空间（图 1-12）。[①]

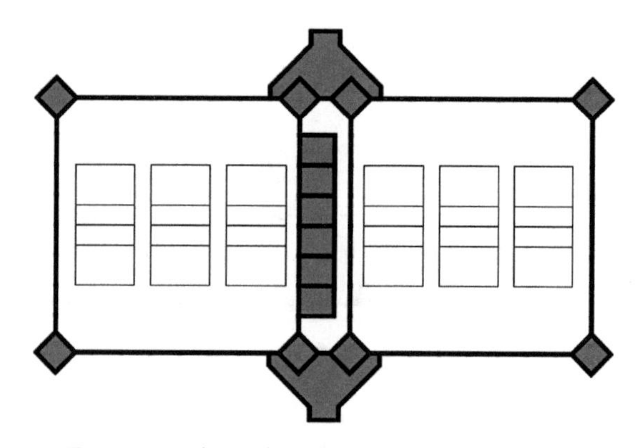
图 1-10 国家体育总局羽毛球排球训练馆平面简图

综合式的组合模式兼具了并列式和

① 金晔. 大中城市中心城区的体育场馆建设——浅析多功能中小型体育场馆的空间竖向叠加设计［J］. 华中建筑，2012，30（07）：40-43.

垂直式的布局特征，其空间布局更紧凑，组合方式更灵活，可以应对更复杂的设计问题。在台湾新北市土城国民运动中心的设计中，主要的运动空间篮球馆、冰上曲棍球馆和游泳馆分别由三个独立的大空间体量承载，通过综合式的布局模式实现了空间的高度集约整合（图 1-13）。三个相对独立的体量相互堆叠和悬挑，营造出丰富的空间体验和富于动势的建筑形态，巧妙地回应了体育建筑的性格特征（图 1-14）。

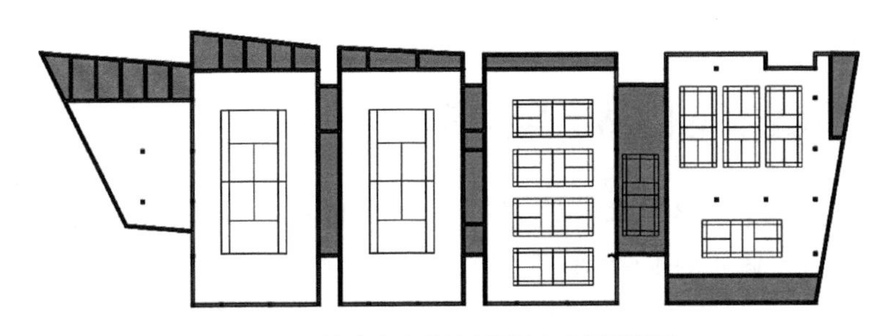

图 1-11　济南市全民健身活动中心平面简图

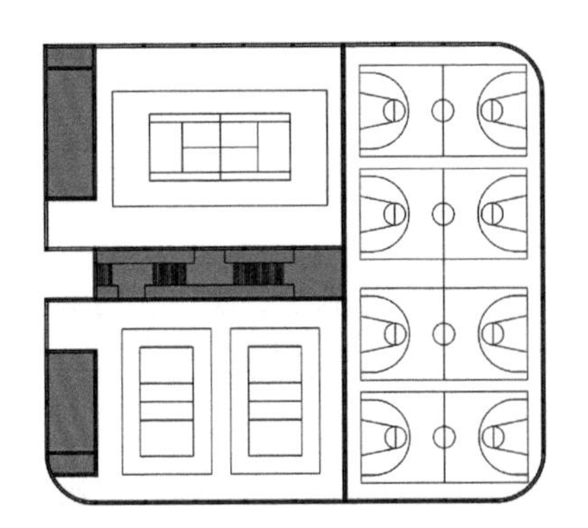

图 1-12　宁海新体育中心训练馆平面简图

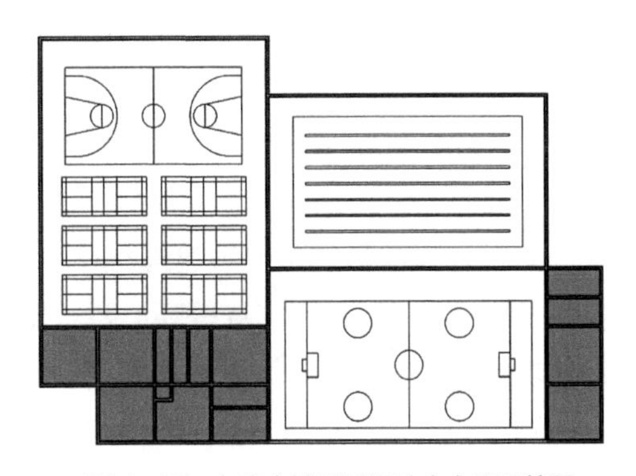

图 1-13　台湾土城国民运动中心平面简图

（a）体量的堆叠与悬挑

（b）半室外活动空间

图 1-14　台湾土城国民运动中心局部透视图

在组合型大空间建筑中，多个大空间经过立体叠加形成紧凑的空间布局，满足了多元化的功能需求。然而，随着空间集约程度的提升，大空间与外部环境接触的机会持续降低，由此导致自然通风难度进一步加大。在组合型大空间的自然通风设计中，针对多个大空间立体叠加组合的空间格局，可将整体建筑进行适当的划分，形成若干个体量和尺度较小的功能分区，在各分区内部进行相对独立的气流组织。在各功能分区内部，既可以利用侧界面和顶界面的协同配合构建通风路径，也可以结合功能布局恰当地植入竖向腔体空间，构建稳定的热压自然通风系统。①

1.3 大空间建筑的自然通风问题

大空间建筑尺度巨大的基本形态特征，先天性地限制了大空间与外部环境之间的物质和能量交换。在气候环境适宜的时段，室外的气流难以进入大空间的纵深部位；在室外气候环境不适时，大空间不能主动适应环境变化带来的压力；在高密度人群集中使用大空间时，运营产生的代谢污染难以排出室外；受区位和邻接空间的限制，局部大空间成为空气流动的盲区。以上诸多因素造成了大空间建筑普遍存在自然通风难、空气质量差、舒适度低等问题。

1.3.1 室外环境隔绝

自然通风的目的是促进建筑与环境之间进行积极的物质与能量交换，利用室外新鲜空气及其适宜的温度、湿度等环境要素提高室内空气质量，满足人们亲近自然的生理与心理需求，提升大空间的舒适度水平。

由于空间尺度巨大，大空间建筑中靠近外界面的区域能够与自然环境进行比较充分的物质与能量交换，靠近内部的纵深区域则难以实现。相关研究表明，只考虑自然风压作用，风流仅可进入建筑约 14m 进深处，之后风速锐减甚至停滞。大空间建筑普遍具有 30 ~ 40m 甚至更大的进深，使得自然风难以深入大空间的内部，自然通风的效果微弱。按照这一规律，即便是外界面可以完全开敞的展览馆、训练馆等大空间建筑，单纯依靠外窗数量和面积的增加，也难以促进大空间的自然通风，大进深对自然通风的制约作用显著。

同常规小进深建筑相比，同样体积情况下大空间建筑具有较小的表面积，与外部环境接触的机会相对较少，也限制了大空间与外部环境之间的物质与能量交换。此外，大空间建筑的尺度越大，平面量级的表面积增长与空间量级的体积增长之比值越小，即单位体

---

① 白晓伟，刘德明，夏柏树，等. 基于形态学矩阵的全民健身中心自然通风系统建构研究［J］. 建筑学报，2020（S1）：1-5.

积大空间与外界进行物质与能量交换的面积越小，自然通风的能力越低。

由此可以看出，大空间建筑空间尺度过大的固有特征，导致内部空间难以与外界自然环境产生积极交互，室外新鲜空气无法抵达核心区域，自然通风不畅，严重影响内部环境品质和舒适度水平。若单纯依靠机械通风等主动式方法来改善室内环境的空气质量，必然带来巨大的能耗和高昂的成本。因此，在大空间建筑中，通过被动式设计手段克服空间尺度过大的局限性，采用创新的自然通风方式促进建筑内外环境之间物质与能量的积极流通，具有重要的理论意义和实践价值。

1.3.2　环境分布不均

大空间建筑内部各区域由于所处位置的不同，物理环境存在着明显的水平分区和垂直分层现象，不均匀特征突出。这种不均匀特征会引起使用者体感的巨大差异，直接影响室内环境的舒适度。

水平分区是指大空间内部不同平面区域的物理环境存在较大差异的现象，其成因主要有三个方面。首先是平面位置因素。由于大空间建筑进深较大，靠近大空间外界面的区域与室外环境进行交换的程度较高，更易受到室外环境的影响，远离外界面的区域则相反，在大空间进深方向上呈现出明显的水平分区现象。此外，大空间的核心区域与靠近四周交通廊道、附属空间的区域相比，温度、湿度、风速的分布也不一样，在大空间轴心方向上也会出现水平分区现象。其次是功能需求因素。大空间内部的功能分区带来了物理环境需求的不同，如剧院观众厅池座与舞台虽然在空间上相互连通，但由于使用要求不同，对温度、风速等物理环境的需求也有较大的差异，呈现出截然不同的舒适度特征。功能区别越大，环境差异性需求越明显。最后是空间形态因素。大空间建筑内部空间形态的不规则性也会引起水平方向上物理环境分布的不均匀，平面形态变化产生的凹凸、转折和倒角等均会造成特殊的微环境，剖面形态的起伏、楼座和夹层等也会引起微环境的改变。空间层面上的变化越复杂，实际使用中对自然通风的影响越难以预期。

垂直分层现象在大空间建筑中普遍存在，其原因是空气密度随温度变化，温度高的空气密度较小，趋于上浮，温度低的空气密度较大，趋于下沉。空间高度越高，垂直方向上温度差异越大，热分层现象越明显。在大空间建筑中，垂直分层的现象既可以作为自然通风的积极因素进行利用，增大上部、下部区域的热压差，促进自然通风的烟囱效应。同时应考虑不同空间高度对温度、风速需求的不同，通过引入特定的构造方式，主动引导不同高度室内自然通风的路径和流量，区别性地解决不同高度的舒适度需求。

目前，针对大空间建筑室内环境分布不均问题的应对办法，主要集中在分时、分区、分层的主动式机械通风和空气调节方面，鲜有被动式的调节方法研究。因此，通过适宜的设计策略与技术部署，对大空间建筑内部物理环境的水平分区与垂直分层加以有效利用，提高自然通风的潜力与效果，是大空间建筑通风设计的重要课题。

1.3.3 界面相对封闭

以体育馆、影剧院为代表的大空间建筑，其特殊的运动、观演功能对空间环境的稳定性提出了较高的要求，在强化大空间界面的封闭性以阻隔外部环境干扰的同时，也降低了引入自然通风的机会。核心大空间的界面完全封闭，与室外环境呈现相对隔绝的状态，物质与能量交换被阻断，限制了自然通风的可能。

在比赛大厅、观众厅的周边，一般布置交通、设备、技术用房等，进一步加剧了大空间的隔绝状态。在大空间及附属用房外侧，通常设有开敞、通透、连续的休闲空间，作为大空间与外界面之间的过渡空间，一般也需要保持相对封闭状态以保证内部环境舒适，相当于在封闭的核心大空间之外附加了一套封闭的保护层，进一步加大了大空间与外部环境之间物质和能量流通的难度，自然通风更加难以实现。

尽管外界面上设置的通风开口能够适度促进过渡空间的自然通风，但这种通风方式对大空间内部的间接带动作用较弱，无法改善大空间整体的物理环境。即便是增大了外界面开口的数量和面积，与大空间的巨大体积相比，改善自然通风效果的作用依然薄弱。外界面开口的开放、关闭与大空间的自然通风需求难以同步，弱化了这种空间调节方式的效果。同时，在极端气候条件下，建筑室内外环境将产生较高的梯度差，夏季高温、冬季冷风、空气悬浊物等不利因素将会对大空间建筑产生消极作用，因空气渗透导致的能量散失和环境品质下降难以避免。由此可见，单纯依靠增加过渡空间界面开放性的方式，难以实现改善大空间建筑自然通风效果的目标。

大空间建筑界面相对封闭的特征直接影响了建筑的自然通风效果，为解决这一问题，在设计层面寻求一种合理、可控、开放的建筑界面形式，形成适用于大空间建筑的动态化自然通风模式具有积极的现实意义。

1.3.4 人员高频活动

不管是连续运营的火车站和航站楼，还是间歇性开展群聚性活动的体育馆和会展中心，人员密集和高强度使用作为大空间建筑的基本特征，对大空间内部环境品质提出了多元化的要求，迫切地需要采用自然通风进行环境调节。

首先，大空间建筑中人员密集、构成复杂、行为多样，使用人群对环境舒适度的需求高度多元化。使用者对空间环境的舒适度需求主观性较强，因性别、年龄、体质、衣着和行为模式的不同差异明显。当前大空间建筑普遍采用统一控制的空调系统，不具备针对大空间内部物理环境多样化分布的精确感知与即时反馈。单纯通过高能耗的集中调节方式，难以根据人员的聚集情况和活动频率进行精确调控，除了会导致人员总体舒适度的降低，还会产生不必要的能源消耗。与此相对，自然通风既能够适应个性化的舒适度需求，同时还能够有效节约能源，是提高大空间环境品质的有效途径。

其次，人员的大量聚集和高强度使用带来的室内污染问题普遍存在，季节性舒适度问题尤其突出。在采暖与制冷季节，由于建筑界面高度封闭，室内环境过于依赖空调系统，这种机械的调节手段按照既定的水平供给，难以对人流的周期性变化作出有效的应对，或在人员大量聚集时供给不足导致室内环境质量下降，或在人员稀少时过度调节造成浪费。在过渡季节，由于室外环境相对舒适，大空间建筑一般不开启空调系统，然而在人员活动密集的时段，二氧化碳、热累积污染等会严重降低舒适度水平。因此，在人员高度聚集的大空间建筑中，利用自然通风增加空气对流、调节室内温度的同时改善空气质量尤为必要。

最后，由于大空间建筑较强的使用节律特征，人员的高频次集散活动需要实现通风系统模式的快速切换。如间歇性运行的体育馆、剧院等，在举行比赛或演出时大量人员长时间集聚，对室内环境的要求较高，需要采用高强度的机械通风手段以维持适宜的环境品质；但在人员相对稀少、活动频度不高的日常运行中，对环境质量的要求较低，采用自然通风是相对经济有效的环境调节方式。两种使用状态的高频次切换的需求，使得大空间建筑通风系统应具备灵活切换、快速调节、主被动结合的特性，这也是大空间通风设计的一个重要研究议题。

本章图表来源：

表中未注明图表均为作者自绘。

图表编号	图表名称	图表来源
图 1-2	融创大数据中心平面图	天作建筑提供
图 1-3	成都三瓦窑社区体育中心平面图	改绘自：https://www.archdaily.cn/cn/769553/cheng-du-san-wa-yao-she-qu-ti-yu-she-shi-zhong-guo-jian-zhu-xi-nan-she-ji-yan-jiu-yuan-cswadi/558cafe0e58ece2c8300006d-san-wayao-community-sports-center-csadr-floor-plan.
图 1-4	哈尔滨西站平面图	改绘自：王睦，艾侠，赵霞. 从哈尔滨西站设计看大型交通枢纽的整体策略［J］. 世界建筑，2013（02）：118-123.
图 1-5	岳阳民用机场航站楼平面图	改绘自：华南理工大学建筑设计研究院陶郅工作室. 岳阳民用机场航站楼. https://www.gooood.cn/terminal-building-of-yueyang-sanhe-airport-china-by-tao-zhi-studio-architectural-design-and-research-institute-of-scut.htm.
图 1-6	深圳坪山大剧院平面图	改绘自：OPEN 建筑事务所. 坪山大剧院. https://www.gooood.cn/pingshan-performing-arts-center-open-architecture.htm.
图 1-7	深圳坪山大剧院剖面图	改绘自：OPEN 建筑事务所. 坪山大剧院. https://www.gooood.cn/pingshan-performing-arts-center-open-architecture.htm.
图 1-8	门头沟体育文化中心平面图	改绘自：郝琛，傅绍辉，吴迪. 门头沟体育文化中心建筑表皮优化设计策略［J］. 建筑技艺，2020，26（09）：105-107.
图 1-9	门头沟体育文化中心剖面图	改绘自：徐岩，傅绍辉，刘昱辰，等. 基于设计主导的门头沟体育文化中心项目绿色设计策略研究［J］. 华中建筑，2021，39（01）：82-87.
图 1-10	国家体育总局羽毛球排球训练馆平面简图	改绘自：中国建筑工业出版社，中国建筑学会. 建筑设计资料集（第三版）：第 6 分册　体育・医疗・福利［M］. 北京：中国建筑工业出版社，2017.
图 1-12	宁海新体育中心训练馆平面简图	改绘自：金晔. 大中城市中心城区的体育场馆建设——浅析多功能中小型体育场馆的空间竖向叠加设计［J］. 华中建筑，2012，30（07）：40-43.
图 1-13	台湾土城国民运动中心平面简图	改绘自：徐会玲. 土城国民运动中心［J］. 建筑知识，2015（6）：83-87.
图 1-14	台湾土城国民运动中心局部透视图	曾永信建筑师事务所. 土城国民运动中心. https://www.gooood.cn/tucheng-sports-center-by-q-lab.htm.

第2章

腔体的绿色解析

腔体起源于生物体适应环境的进化过程，具有最基本的生态学属性。腔体被引入建筑学领域之后，为适应不同的地域气候而演变出丰富多样的形态类型，有效地改善了人类的生存环境。腔体的植入可打破建筑固有的生态格局，积极引入外部自然要素，有效调节内部空间环境，显著提升大空间建筑的生态效能。本章以实际案例为研究基础，追溯腔体的起源和发展，阐释建筑腔体的概念和类型，论述腔体应用于大空间建筑中的生态意义和绿色价值。

2.1 腔体的起源与发展

“腔”的词源含义，起源于对生物体内空腔的描述。清代陈昌治刻本的《说文解字》中对“腔”字的解释为：“内空也。从肉从空，空亦声”，揭示了“腔”字的原始含义，特指动物的肌肉或器官组织构成的、具有一定封闭性的内部空间。随着历史的发展，“腔”字的含义逐渐由“生物体内的空腔”推演到对类似空间的一种形象化描述，“腔体”的概念也由此逐渐生成。

仿生学的研究和发展，将自然界的腔体概念引入了建筑领域。1958 年，美国的 Jack E.Steele 将拉丁文“bio”和“nic”组合在一起，前者意思是“生命”，后者意思是“具有……的属性”，创造性地提出“仿生学”（bionics）的概念，即“研究生物系统的结构、性状、原理和行为以及相互作用，从而为工程技术提供新的设计思想、工作原理和系统构成的技术科学”。此后，作为一个典型的仿生学研究对象，腔体逐渐进入了建筑学视野，在建筑设计理论和实践中得到广泛的引用和借鉴。探究建筑腔体的起源与发展，必然要回归自然界的腔体本源，追溯建筑历史中腔体的仿生学意义。

2.1.1 自然中的腔体

（1）生物腔

经过漫长岁月进化形成的生物形态，具有很强的环境适应性，生物体为了实现复杂的生命机能而发展出许多精巧的结构，“腔体”就是此类结构的典型代表。现代仿生学的研究表明，“腔体”作为生物体内部与外界连通的中介，使生物体得以屏蔽环境变化带来的不利要素，高效汲取和利用环境中的物质能量，其作用机制主要体现为以下两个方面。

其一，生物腔扩大了生物体与外界环境接触的界面。为了维持自身新陈代谢，生物体需要不断地与外界进行物质能量的交换，但是复杂多变的气候环境限制了生物体表无限增加面积的可能，进化选择的结果是体内空腔的出现。腔体内扩了物质能量交换的空间和界面，成为生物进化过程中的必然选择。① 仿生学的相关研究表明，物种在其体积和外界接触面积之间存在一定的比率关系，为了在进化中保持面积与体积的平衡，生物体演化出内凹的腔体以扩大与自然要素接触的表面积，并根据不同的外界条件演化出多种多样的结构类型。上述原理在生物界中表现得非常普遍，例如莲花由于长期生存于水域中，为了适应水底淤泥中缺氧的环境，其根茎（莲藕）内部演化出大量可以输送空气的贯通气腔，可将荷叶获得的空气一直从叶柄传输到水下的根茎，从而保证了莲藕生长所用的空气，也避免了根部因缺氧而腐烂。

其二，生物腔对生物体内环境具有调节作用。一般情况下，外界物理环境与生物体内的生理环境之间存在着不同程度的差异。高等动物为适应其所生存的环境，除了具有完善的表皮调节功能之外，还将空腔器官发展成为一套具有内调节功能的结构形式，可实现生物体内外环境的“气候控制”。K. Schmidt Nielsen 等人在骆驼鼻子中发现了一个由空气通道组成的错综复杂的“迷宫”（图 2-1）。这个被称为“鼻甲”的复杂迷宫是海绵状的鼻骨，其形态高度卷曲，可提供狭窄的空气通道和较大的水热交换表面积。骆驼的鼻子在每一个呼吸周期中都起到加湿器和除湿器的作用：当气体呼入时，被吸入的干热空气通过大面积的湿膜增加水分，并在此过程中冷却后进入肺部，降低高温对身体的损伤；当气体呼出时，通过相同的鼻腔膜冷却除湿，鼻膜上覆盖着一种特殊的吸水物质，像除湿器的冷却线圈一样从气体中回收水分，其节水量最高可达 68%②，有效降低了水分流失。

（2）巢穴腔

如果说生物腔与建筑腔体在仿生学意义上存在着一定的同构性，那么生物建造的巢穴腔无论从形态还是作用机制上都与建筑腔体具有高度的相似性。在炎热的非洲地区，白蚁穴通过其内部腔体空间形成了一套完善的自循环通风系统，保证了蚁穴内部良好的空气

---

① 汤普森. 生长和形态［M］. 袁丽琴，译. 上海：上海科学技术出版社，2003.

② SHAHDA M M，ELHAFEEZ M A，MOKADEM A E. Camel's nose strategy：New innovative architectural application for desert buildings［J］. Solar Energy，2018（176）：725-741.

质量和温湿控制。① 在高耸于地面的蚁穴土堆内，遍布有多孔的气腔隧道，底部较大的空腔可作为新鲜和清凉的空气的贮存室。当白天外界温度很高时，白蚁将主要“换气”口封闭，避免外界热空气进入巢穴内部，内部空气受热上升形成气压差，抽走蚁巢中的热空气，同时蚁穴底部空气贮存室里冷空气自动注入蚁穴；夜间外界温度降低，白蚁打开蚁穴顶部主换气口，在较高位置的高风速作用下，腔体内部产生拔风效应，产生的压力差通过地面的开口将外界冷空气吸入土堆，使穴内温度下降，冷却的新鲜空气下沉到贮存室，以应对白天的温度提升（图 2-2）。

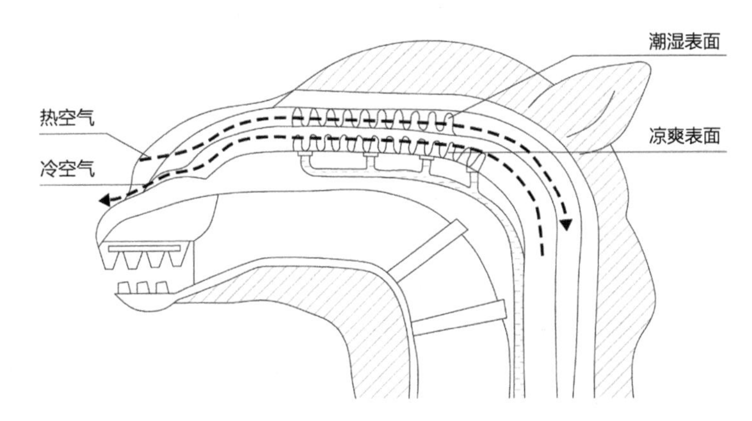

图 2-1　骆驼鼻腔的空气制冷及水回收系统

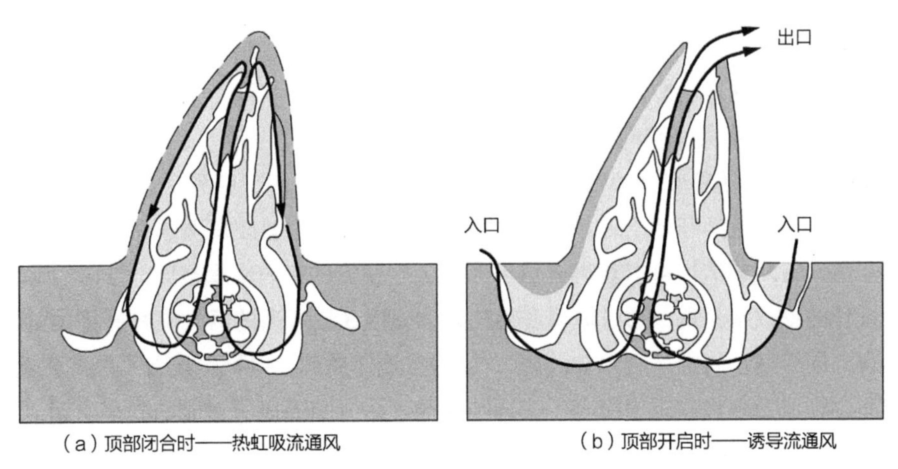

（a）顶部闭合时——热虹吸流通风　　（b）顶部开启时——诱导流通风

图 2-2　白蚁穴的自然通风机制

① TURNER1 J S. Beyond biomimicry：What termites can tell us about realizing the living building［C］. First International Conference on Industrialized，Intelligent Construction（I3CON）. Loughborough University，2008（05）：1-18.

2.1.2 建筑中的腔体

建筑是为人类提供遮蔽空间的构筑物，其本质属性之一便是营造相对稳定的内部环境，以抵抗外部多变自然气候的不利影响。建筑中的腔体作为改善室内环境的设计手段，其产生和演变也经历了由简单到复杂、由经验应用到科学设计的发展历程。

（1）传统建筑中井院空间的朴素运用

在人类历史发展的早期阶段，尽管尚未形成建筑腔体的概念，但古人依靠长期的生活经验发现，在建筑中适度地引入腔形空间可以有效应对气候变化，调节空间环境的物理性能。早在公元前 3 世纪，古罗马就出现了具有天井院的住宅建筑，位于建筑中心的天井院蕴含了自然采光、自然通风、雨水收集等生态作用，成为居民日常生活的重要场所。[①]在我国的传统民居建筑中，通过内置的庭院和天井空间引入自然要素的做法十分普遍，受不同的地域气候影响，北方地区形成了相对宽敞的庭院空间，在保证接收更多阳光的同时也兼顾景观和冬季防风；南方地区多采用狭窄的天井空间，在避免阳光直射的同时集成了通风和集水等多种生态功能，有效抵御了湿热气候带来的不利影响。

除了天井和庭院，采用尺度较小的井道空间也是传统建筑中调节建筑微气候的有效手段。古代罗马人曾利用“地下廊道”创造了一种空气冷却系统，在炎热的夏季为建筑提供凉爽的空气。文艺复兴时期，建筑师继续发展了这种空间，使地下廊道不仅在夏日提供穿越园林的通道，同时也为与其相连的建筑送去凉气。[②]在埃及、巴基斯坦、伊朗、伊拉克等干热气候地区，存在着一种具有三千多年历史的捕风塔建筑。高出屋面的风塔迎合盛行风向，利用风压将空气导入风井，为室内带来凉爽的通风。风井采用砖石等蓄热材料砌筑，内部放置水罐，白天吸收空气热量、制冷降温，夜晚释放热量、缓解昼夜温差，利用腔体实现了被动式通风制冷。

（2）现代建筑中共享空间的蓬勃发展

19 世纪初期，随着玻璃和钢等现代建筑材料的广泛应用，室外庭院向室内庭院的转变成为可能，中庭空间开始出现。由查尔斯・巴瑞设计的伦敦改良俱乐部，庭院上空覆盖以玻璃屋盖，首次创造出可以获得自然采光和天空视野的室内中庭空间。[③]由约瑟夫・帕克斯顿设计的伦敦水晶宫，通过玻璃和钢构建的室内 3 层通高的巨大中庭，将展览活动与生态景观共同容纳于其中。进入 20 世纪，随着空调、照明、电器等设备系统的快速发展，中庭空间逐渐成为现代建筑中集合了交通与休憩、采光与通风等功能的共享空间。[④]20 世

① CAMESASCA E. History of the House［M］. New York：Putnam，1971.

② 奇普・沙利文. 庭园与气候［M］. 沈浮，王志姗，译. 北京：中国建筑工业出版社，2005.

③ HYDE R. Climate Responsible Design：A Study of Buildings in Morderate and Hot Humid Climates［M］. London and New York：St Edmundsbury Press，2000.

④ 理查・萨克森. 中庭建筑开发与设计［M］. 戴复东，吴庐生，等译. 北京：中国建筑工业出版社，1990.

纪 60 年代，约翰·波特曼将“共享中庭”的概念引入商业建筑的设计之中，在亚特兰大凯悦酒店中创造了一个 22 层通高的巨大中庭，将植物、雕塑、水景及透明电梯引入其中，使中庭空间成为富有生态化和景观化的公共场所。此后，中庭空间作为一个代表性的经典现代设计语言被广泛应用于各种类型的建筑之中，集合了多种功能和生态要素的新型共享空间，如室内商业街、空中庭院和室内花园等空间模式，也开始在中庭空间的基础上逐渐衍生出来。①

（3）当代建筑中腔体空间的多元表现

1983 年德国勒伯多出版了著作《建筑与仿生学》（*Architecture and Bionic*），系统地阐述了仿生建筑的原理与方法，为建筑仿生学奠定了理论基础。仿生建筑的设计宗旨在于通过研究和模仿生物的形态、结构、功能，使建筑能够适应环境内部与外部的多变因素，实现对能源和物质的高效利用。“腔体”作为当代建筑仿生学的一个典型研究对象，其突出的生态效能和空间活力赋予了建筑师极为丰富的设计灵感。随着当代科学技术的发展和绿色设计的广泛应用，腔体的绿色性能得到更科学的设计和更精密的计算，建筑中的腔体也根据不同的实际工况和气候条件呈现出更为多元的表现形式，涌现出大量腔体应用的优秀案例。

随着数字技术的进步与发展，建筑的腔体空间呈现出复杂化和非线性的形态特征，在发挥更为复杂的生态调节作用的同时也创造出丰富的空间体验。在建筑师斯蒂芬·霍尔设计的麻省理工大学学生公寓中，一系列相互连通的异形管腔空间引入建筑内部，使整座建筑犹如一个“多孔海绵体”（图 2-3）。这些管腔在获得光线的同时也是具有烟囱效应的拔风管道，可有效地调节建筑物内的自然通风：夏季宿舍单元开启窗户进风，管腔打开腔体顶部排气孔，利用热空气上升形成的负压，促进室内及腔体内空气的流通；冬季可关闭腔体顶部的窗户，充分吸收太阳辐射热，形成“温室效应”。漏斗形的空腔结构贯穿于建筑立面和上下多个楼层，完美地演绎了建筑“表皮”和内部“腔体结构”的协同调节机制（图 2-4）。②

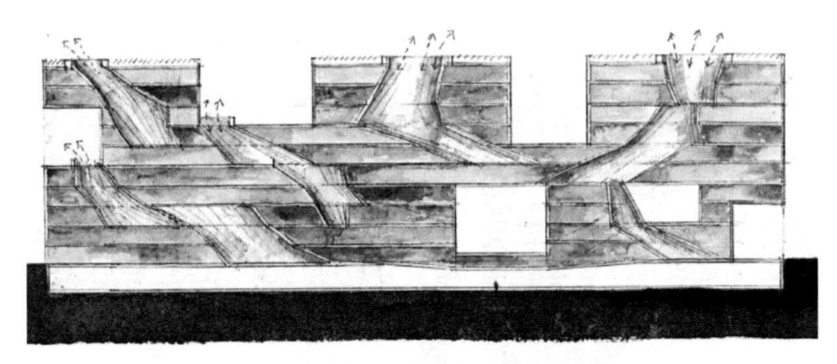

图 2-3　麻省理工大学学生公寓剖面意向草图

---

① 雷涛，袁滨．生态建筑中的中庭空间设计探讨［J］．建筑学报，2004（03）：68-69.

② 李钢，吴耀华，李保峰．从“表皮”到“腔体器官”——国外三个建筑实例生态策略的解读［J］．建筑学报，2004（03）：51-53.

由日本建筑师伊东丰雄设计的台中大都会歌剧院，体现了一种复杂的腔体形态仿生设计。建筑师以“声音的涵洞”为构思意象，通过连续的曲面形态形成犹如复杂人体器官的管腔空间，将室内公共空间互相连通，实现了空气、声音和光线在腔体内的流动和传播，从“五感”上为使用者带来全方位的场所体验（图 2-5、图 2-6）。日本建筑大师安藤忠雄设计的上海保利大剧院同样采用了复杂的腔体形态（图 2-7）。建筑师以“万花筒”作为设计灵感，引入各种角度的斜筒洞穿剧院的各个方向，与晶莹剔透的方形体量形成鲜明对比。这些形态多变的管腔相互穿插交错，将光、风、水等自然要素引入建筑之中，创造出具有丰富空间层次的半室外空间。

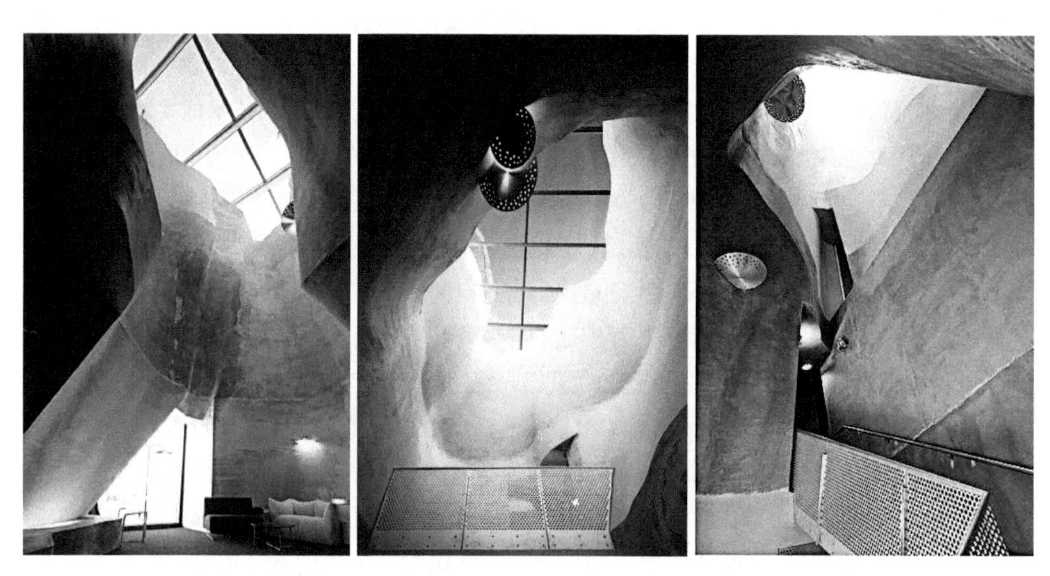

图 2-4　麻省理工大学学生公寓内部的腔体空间

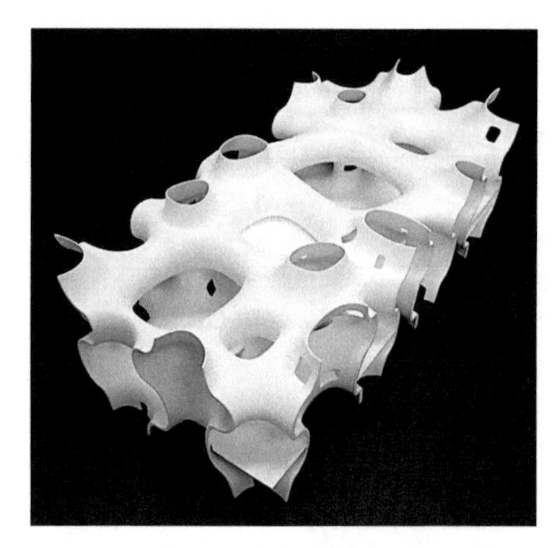

图 2-5　台中大都会歌剧院内部的腔体结构

图 2-6　台中大都会歌剧院外部形态

图 2-7　上海保利大剧院

2.2 建筑腔体的概念

追溯建筑腔体的起源与发展，不难发现，“腔体”并非局限于建筑学范畴的单纯定义，而是一个涉及生态学、仿生学等多个学科交叉领域的复杂概念。因此，明确腔体的概念界定、辨析腔体的本质特征，是对建筑腔体进行定性和定量研究的重要前提。本节将从广义和狭义两个层面，对建筑腔体的概念进行全面的界定和解析。

2.2.1 广义的建筑腔体

目前，物理学和材料学等领域普遍将腔体定义为“一种与外部密闭隔绝同时内部为空心的物体”，从客观上描述了腔体的空间形态特征。然而在建筑学语境下，该定义明显存在片面性，缺失了腔体的仿生学内涵，势必会造成腔体概念的泛化。建筑腔体按照仿生对象可分为形态仿生和功能仿生。在对建筑仿生设计的早期探索中，许多建筑师从腔体的有机形态中获得了灵感，塑造出富有变化的动态空间。后来，更多的建筑师发现腔体的功能机制具有更高的仿生价值，通过对腔体的功能仿生实现了更多的生态目的。因此，把与生物腔体具有一定形态或功能相似性的建筑空间理解为腔体，是对建筑腔体最直观的界定方式。综上所述，本书对建筑“腔体”进行广义的定义如下：凡是形态或机制与自然腔体相似或相仿的建筑空间及其界面都可称之为腔体。

2.2.2 狭义的建筑腔体

广义的建筑腔体定义直观明了，易于把握。然而从建筑理论研究的角度出发，这种定义难免缺乏针对性和精确性。一方面，建筑腔体是不能忽略腔体的生态含义的，无论是传统民居中的被动式腔体，还是当代建筑中的技术集成化腔体，腔体的生态价值都是一个不可回避的根本性目标；另一方面，建筑腔体的客观描述需要体现腔体的本质特征，仅通过“自然腔体”去描述“建筑腔体”是缺乏严谨性的。

对于建筑腔体的学术定义，华中科技大学的李钢借鉴仿生学的相关理论，结合建筑生态技术特性，全面地对腔体进行了阐释：“采取适宜的空间体形，运用相应的技术措施，通过适当的细部构造，能够利用或辅助利用可再生能源，在运作机制上与生物腔体相似，高效低耗地营造出具有舒适宜人内部环境的建筑空间”①。本书在此定义的基础上，将通过对建筑腔体设计案例的分析，总结腔体的生态功能特征，进一步凝练出界定建筑腔体概念的三个基本特征。

（1）形成可贯通的空间及其界面

以往对于建筑腔体的研究中，均未对其空间形态特征进行明确界定，使之与其他建筑空间相比难以体现出差异性。纵观建筑腔体的众多实践案例，不难发现，尽管腔体已经演变出各种形态，但其贯通性是所有腔体空间的一大共同特征。一方面，贯通性的空间引导风、光、热等要素在其中流动，形成了一个可以容纳多种物理作用的反应容器；另一方面，这种贯通性腔体也串联了建筑内各个功能空间，使腔体对空间的系统性生态调节成为可能。可见，贯通的空间及其界面是建筑腔体形成的必要前提条件。

（2）引导物质和能量的流动与交换

当代建筑科学技术发展迅速，使运用于建筑腔体的生态技术呈现出高度集成化和复杂化的特征，但无论是采用主动式技术还是被动式技术，利用热压通风原理还是风压通风原理，归根结底，腔体内部的生态作用都是通过对物质和能量的引导得以实现。与传统绿

---

① 李钢．建筑腔体生态策略［M］．北京：中国建筑工业出版社，2007.

色技术侧重围护结构的材料和界面性能相比，腔体的技术特征强调通过对腔体的形态和界面的限定、对物质和能量的流动方向和交换方式进行控制，实现诸如空气对流、烟囱效应、光的反射和衍射等物理作用，从而实现对空间物理环境的提升与改善。

（3）实现建筑空间的生态调节

如前文所述，建筑腔体本身就是一个基于仿生学和生态学的概念，其最终目标是实现建筑空间的生态效能。大量案例表明，如果腔体空间不能承载一定的生态效能，就会成为一种形式化语言，失去了其最重要的生态价值。面对复杂多变的空间功能、运行人因、季节交替等工况条件，互相独立的空间布局难以进行整体化的调控，难以保证人体所需的稳定、舒适的环境需求，而腔体的引入正打破了这种空间格局的隔绝性，创造了可以分区、分时调节室内环境的机会。由此可见，腔体的生态效能集中地体现为对环境性能的一种生态调节能力。

综合上述三点特征，本书对建筑腔体概念进行整合，将其定义为：通过引导物质、能量的流动与交换，在建筑中形成的具有生态调节作用的贯通性空间及其界面。其中，可贯通的空间及其界面是腔体形成的物理基础，引导物质和能量的流动与交换是腔体作用的机制阐释，实现建筑空间的生态调节作用是腔体设计的最终目标，三者从不同的层面对狭义上的建筑腔体概念进行了全面的阐释。

2.3　建筑腔体的类型

对于建筑腔体类型，既有研究从不同角度进行了多种方式的划分。李钢在《建筑腔体的类型学研究》一文中，将建筑腔体按气流的组织方式划分为能量流的贯穿、能量流的拔取和能量流的引导三种类型，并在这三种类型的基础上提出了类型的变异、并列、叠加和杂糅的转换模式，强调了腔体的通风性能。[①] 张帆根据腔体的导控方式将其分为缓冲导控的表皮腔、植入导控的内置腔和协同导控的共生腔三种类型，强调腔体作为气候调节器的同时也是生态、场所和空间导控的多目标复杂性存在。[②] 李珺杰按照形态和位置的类型属性归类，将“中介空间”划分为室外开放的“院落空间”、室内封闭或半封闭的“中庭空间”、室内封闭或半封闭的“井道空间”和半室外半开放的“界面空间”四种类型。虽然研究对象是与“腔体”相类似的“中介空间”，但这种通过界面的围合进行空间类型的划分方法，对“腔体”研究具有重要的启示作用。[③]

综合以上腔体类型的研究，并依据腔体在实际建筑案例中的不同尺度、界面状况，

---

① 李钢，项秉仁．建筑腔体的类型学研究［J］．建筑学报，2006（11）：18-21.

② 张帆，张伶伶，李强．大空间建筑绿色设计的腔体导控技术［J］．建筑师，2020（06）：85-90.

③ 李珺杰，朱宁．建筑中介空间被动式调节作用效果的实测验证——以大型公共建筑的中庭空间为例［J］．建筑学报，2016（09）：108-113.

本书采用空间形态作为主要的划分依据，将腔体划分为井道腔、中庭腔和天井腔三种基本类型，并拓展了各基本类型的若干种典型形式，为后文的定量模拟和应用策略研究提供类型学支持。

2.3.1 井道腔

从构成方式和运行机理来看，井道腔是与生物腔体最为相似的一种类型。井道腔对能量和物质的作用以定向引导为主，借助自然驱动力引导空气和光线在其内部流动。为了保证传导的高效性和通畅性，大部分井道腔体的界面相对封闭，仅在顶部或端部设置小面积的可调节开口。井道腔一般尺度较小，在建筑中布局灵活，既可以以通风或采光竖井的形式出现，也可结合垂直交通空间进行综合布置。

巴塞罗那普莱尔玻璃厂基址新建市民中心是利用通风竖井作为井道腔体来组织自然通风的典型案例。在该建筑内部，沿中心走廊和服务空间两侧设置多个通风竖井，室外新鲜空气从面向庭院的开窗进入，在热压作用的驱动下贯穿主要的功能空间，最后经由太阳能拔风烟囱排至室外（图 2-8）。位于屋顶的四个倒锥形太阳能烟囱外表全部由玻璃覆盖

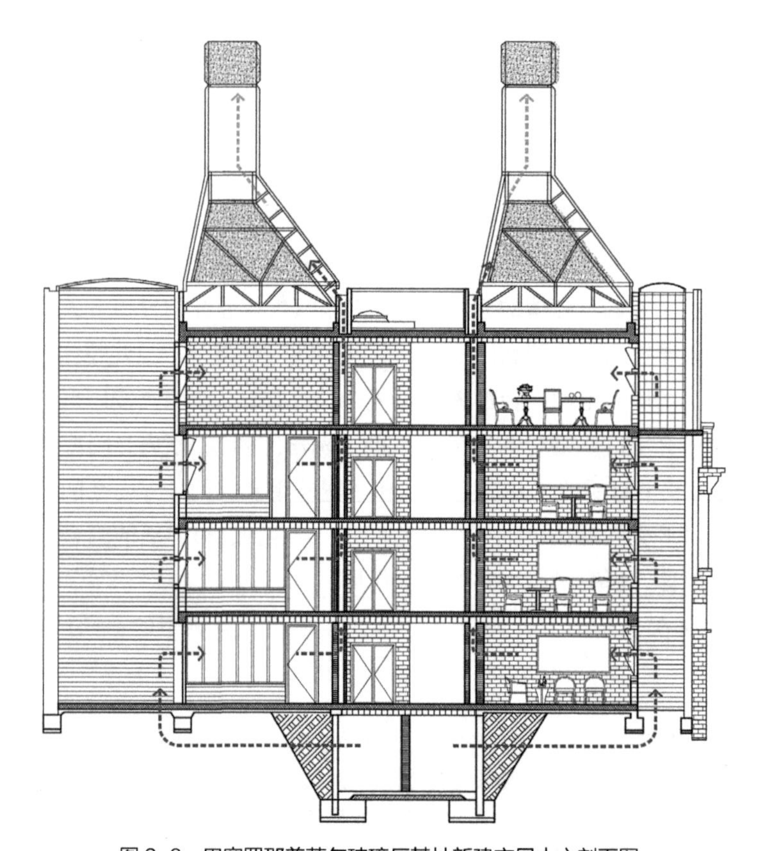

图 2-8　巴塞罗那普莱尔玻璃厂基址新建市民中心剖面图

（图 2-9），不仅强化了文丘里效应，还通过太阳辐射得热进一步促进了热压通风的效果，提高了井道腔的拔风效率。

在大连理工大学辽东湾校区的教学楼设计中，通过引入通风采光竖井有效应对了北方地区教学楼封闭式内走廊采光和通风的问题。建筑内部采用了嵌入式的井道腔体植入策略，一系列通高的通风采光井植入交通空间的关键部位，带动了室内的通风换气并引入柔和自然的顶部采光（图 2-10、图 2-11）。高出屋面的井道腔体一方面可以获取开口处更高的风速，提高内外风压差，促进风压通风，同时也通过较大的高差强化了烟囱效应，有效地加强了热压通风。①

图 2-9　巴塞罗那普莱尔玻璃厂基址新建市民中心

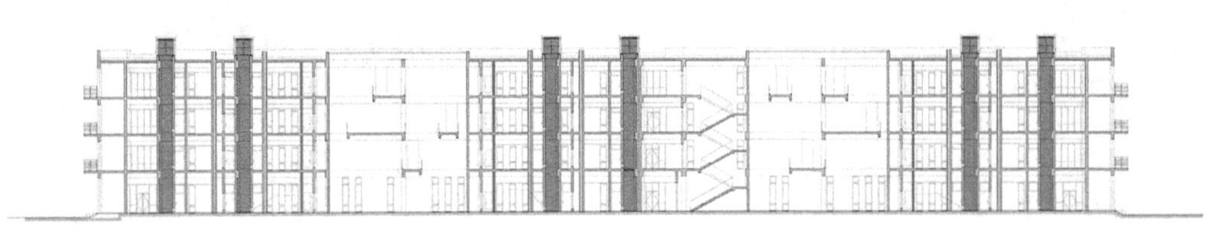

图 2-10　大连理工大学辽东湾校区教学楼中的井道腔体

① 张帆，张伶伶，李强. 大空间建筑绿色设计的腔体导控技术［J］. 建筑师，2020（06）：85-90.

由迈克尔·霍普金斯设计的诺丁汉英国国内税务中心则是结合楼梯间设置通风井道的典型案例。该建筑周边城市格局紧凑，室外风速低，不利于常规的风压自然通风。针对此问题，霍普金斯在每栋建筑转角处结合垂直交通空间设计了一个具有顶帽的、可升降的圆柱形玻璃通风塔（图 2-12）。这种动态可变的开口装置可分时地对室内的空气流动进行调节。夏季，通风塔可以最大限度地吸收太阳能，提高塔内空气温度，进一步加强烟囱效应，带动各楼层空气进行循环而实现热压通风；冬季则将顶帽降下封闭排气口，使通风塔成为一个玻璃暖房，降低了采暖能耗。

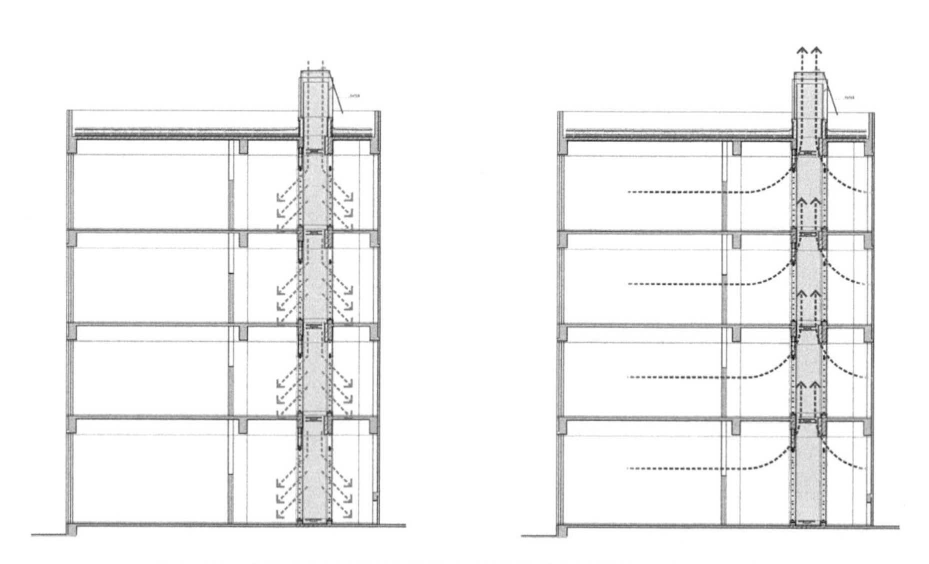

图 2-11　大连理工大学辽东湾校区教学楼井道腔体的采光通风示意图

图 2-12　诺丁汉英国国内税务中心

井道腔由于平面尺度较小，在建筑的空间布局中通常具备较大的灵活性，常见的腔体类型包括捕风塔、通风采光井、地道风廊等，在建筑的自然通风组织中可以结合设计因素对腔体类型进行适当的选择。井道腔体的基本类型及其空间和性能特点如表 2-1 所示。

井道腔的基本类型及空间、性能特征　　表 2-1

	类型	位置	围合界面	开口位置	通风原理	典型剖面
井道腔	捕风塔	室内	基本封闭	顶部、底部	风压通风	
井道腔	通风采光井	室内	基本封闭	顶部、侧面、底部	风压通风／热压通风／机械辅助	
井道腔	地道风廊	室内	基本封闭	端部	风压通风／机械辅助	

2.3.2　中庭腔

中庭腔是借助建筑内通高的共享空间进行生态调控的腔体类型，也是目前在大型公共建筑中广泛应用的一种腔体调控形式。与井道腔有所不同的是，中庭腔的空间尺度相对更大，其内部更容易产生明显的空气对流现象，光线的传播路径也相对复杂。由于中庭腔的顶部通常采用透明界面，更易于接受太阳辐射而形成温室效应。中庭腔内的高度分层现象十分明显，更有利于热压通风的形成，在设计中应重视不同季节的调控方式，以避免夏季暴晒导致过热的问题。中庭腔通常承担着交通枢纽和休憩活动等功能，其周围界面具有一定的开放性和渗透性，因此中庭腔体在建筑生态调节体系中常常主导和驱动着整个建筑的气流组织。

既有研究针对中庭腔的类型划分进行了广泛探索，如理查·萨克森[①]和迈克尔·贝德纳[②]等结合空间布局对中庭类型的划分。在形态类型划分的基础上，Dennis Ho 结合中庭的

① 理查·萨克森．中庭建筑——开发与设计［M］．戴复东，吴庐生，等译．北京：中国建筑工业出版社，1990.

② BEDNAR M. The New Atrium［M］. New York：McGraw-Hill，1986.

光热物理性能，将中庭划分为核心式、半围合式、附加式、线型四种基本类型[①]（图 2-13）。

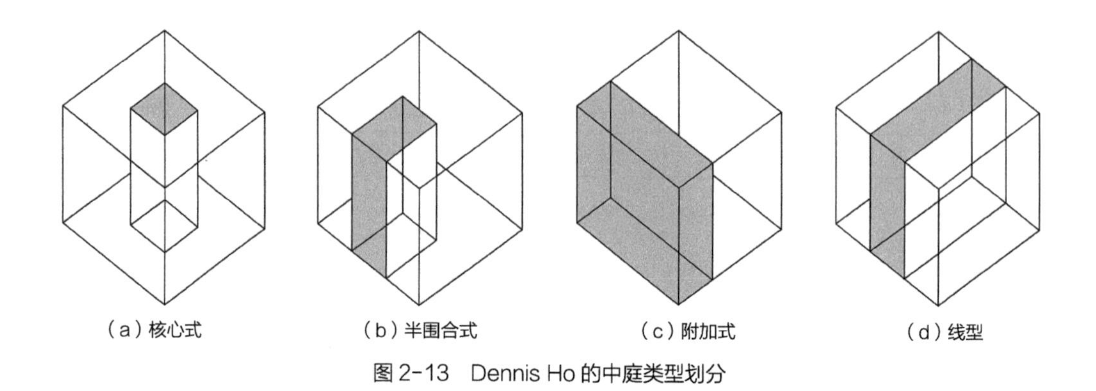

（a）核心式　（b）半围合式　（c）附加式　（d）线型

图 2-13　Dennis Ho 的中庭类型划分

在上述研究的基础上，本书结合中庭对自然通风的调控方式，将其划分为中心型、周边型和组合型三种基本的布局类型。对于中心型而言，室外新鲜空气流经主体功能空间后，在热压作用驱动下由四周进入中庭空间，最后由中庭顶部排出室外。对于周边型而言，室外新鲜空气由一侧进入室内，在流经主体功能空间后进入位于周边位置的中庭空间，并在热压作用下逐渐排至室外。组合型的中庭兼具中心型和周边型两种布局模式的特征，气流组织方式更为复杂，中庭对空间的气流调控也更为充分。三种类型中庭腔的空间和性能特点如表 2-2 所示。

中庭腔的基本类型及空间、性能特征　　表 2-2

	类型	位置	围合界面	开口位置	通风原理	典型剖面
中庭腔	中心型	室内	开敞／半开敞	顶部	热压通风／风压通风／二者结合	
	周边型	室内	开敞／半开敞	顶部、侧面	热压通风／风压通风／二者结合	
	组合型	室内	开敞／半开敞	顶部、侧面	热压通风／风压通风／二者结合	

① HO D. Climatic Responsive Atrium Design in Europe［J］. Architectural Research Quarterly，1996，1（03）：64-75.

在辽宁省盘锦市辽东湾创业中心的通风设计中，通过中心型和周边型的中庭腔组合方式，实现了更为复杂的联动式腔体通风（图2-14）。建筑整体造型面向主导风向倾斜（图2-15），在建筑内部设置了一个梯形的中庭空间，向上逐层缩进的界面强化了拔风的效果，可以通过烟囱效应从二层平台吸入冷风，促进自然通风的形成。与此同时，每层斜面处设计了一个三角形断面的边庭空间，其顶部设置玻璃百叶可引导自然空气进入。多个边庭与内部中庭相互连通，通过中庭驱动整体建筑各层空间的空气流通，形成了一种多层级的自然通风导控体系。①

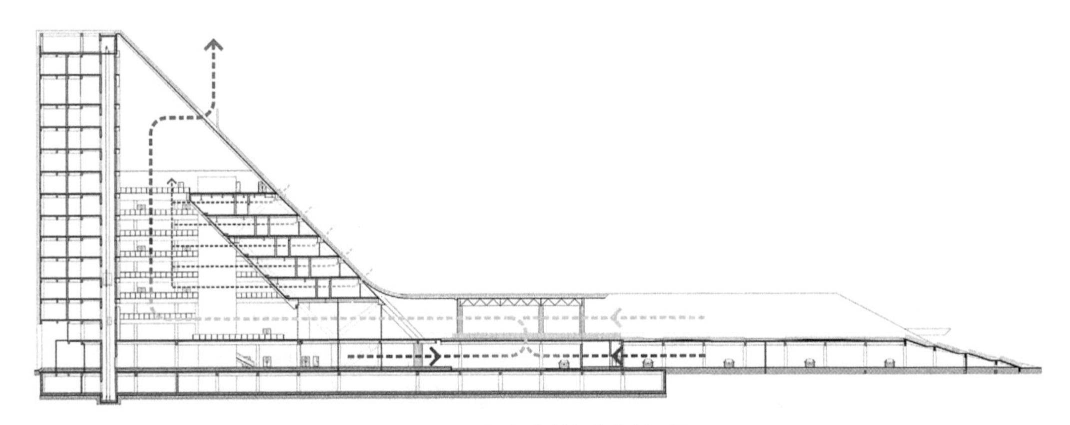

图2-14　辽东湾创业中心剖面图

图2-15　辽东湾创业中心透视图

2.3.3　天井腔

天井腔是一种室外或半室外的腔体空间类型，其对于室内空间的调节功能主要表现

① 张帆，张伶伶，李强．大空间建筑绿色设计的腔体导控技术［J］．建筑师，2020（06）：85-90.

为两个层面。一方面，天井腔通过引入风、光、水、绿植等自然要素，改变了建筑物的室外微气候状况，从而影响了室内物理环境的外边界条件，达到间接生态调控的目的；另一方面，天井腔依靠建筑外表皮与室内空间进行物质能量的交换，其界面调控方式对腔体的生态效能具有重要作用。值得注意的是，天井腔应采用适宜的比例和尺度，当超出一定的界限，井腔空间就会转化为院落空间，其腔体特有的生态效能也会受到影响。天井腔根据其围合界面的特征可分为围合式天井和开放式天井。

围合式天井是指顶部开敞、四周被建筑外立面围合而成的天井类型，主要通过侧界面的窗体或开口与室内空间连通，实现自然要素与建筑内部的交互。托马斯·赫尔佐格与德梅隆设计的美国旧金山迪扬美术馆，即采用了这种围合式天井（图 2-16）。为了在大进深的建筑空间中获取充足的自然采光、自然通风和生态景观，设计师在矩形体量中切割出若干楔形的天井空间，天井内通过生态技术创造了具有湿地植物景观的微气候环境，使游客在观展的同时能够最大限度地与自然接触。

开放式天井是指除顶部开敞外，其他界面也存在水平贯通或架空的天井类型。开放式天井腔体的空间形态比较复杂，可以通过引导外部自然风和光线形成有利的微气候环境，进而为建筑自然采光和通风创造有利条件。德国加兴的 ESO 总部扩建项目即采用了这种开放式天井（图 2-17）。为改善巨大建筑体量带来的封闭性，设计师以圆环的形态组织起三个功能体块，围合出孔洞式的天井院落。这种多孔式天井腔体为每个功能单元提供了充足的采光与通风，改善了内部空间的物理环境质量。建筑底部采用贯通的架空廊道，

图 2-16　美国旧金山迪扬美术馆

图 2-17　德国 ESO 总部扩建项目

使三个垂直式的天井“孔洞”相互连接，形成了立体化的室外腔体空间，创造出适宜的室外微气候环境。

在建筑中采用庭院天井进行自然通风来源于传统营建的智慧，例如在传统的高密度街区中通常采取建筑满铺的平面布局形式，通过在建筑内部均匀设置室外庭院或天井实现自然通风。[①] 在适宜的气候条件下，这种利用天井的腔体植入策略对于大空间建筑的自然通风也具有实践意义。天井腔的基本类型及其空间和性能特点如表 2-3 所示。

① 陈晓扬．大体量建筑的单元分区自然通风策略［J］．建筑学报，2009（11）：58-61.

天井腔的基本类型及空间、性能特征　　表2-3

	类型	位置	围合界面	开口位置	通风原理	典型剖面
天井腔	围合式天井	室外或半室外	基本封闭	侧面	风压通风	
	开放式天井	室外或半室外	半开敞	底部、侧面	风压通风	

2.4 大空间建筑腔体的生态效能

随着城市化进程的加快，人们对公共空间环境的需求逐渐从量的增长转向质的提升。大空间公共建筑因其巨大的空间体量在人们的日常生活中扮演着重要的角色，呈现出设备密集化、功能集成化、空间复杂化的发展特点。目前大空间建筑绿色生态问题十分严峻，相关统计数据表明，大空间类公共建筑的单位能耗强度远超其他建筑类型，是典型的能耗大户。这一方面是由目前的外部社会经济条件决定的，如公众节能的意识淡漠、盲目追求短期经济效益、标新立异的设计导向等；另一方面，也与大空间建筑自身的大跨度、高空间、人流密集等内在特点有着必然的关联。腔体空间的引入，为提升大空间建筑的绿色效能提供了具有启发性和借鉴性的设计思路，具有重要的生态价值和绿色意义。

2.4.1 引入自然要素

在崇尚自然的今天，人们越来越意识到自然采光、自然通风和自然绿植等要素对人类身心健康的重要价值。当前，技术的进步可以使大空间建筑的高度更高、跨度更大，但有限的表皮远远满足不了建筑内部对外界物质和能量的需求，建筑与自然之间的关联被割裂的同时，也加剧了大空间建筑对设备系统的依赖，造成人工照明和机械通风的成本投入与运行能耗的持续增加。仿生学的研究表明，大型生物体在进化中发展出可调节的内部腔体系统，是克服生物体形过大而造成与外界接触表面积不足的有效途径。吴耀华在其论著中曾引用“蜂窝煤”作为案例，通过从煤块到蜂窝煤的演变，证明了多孔结构形态可以更高效地实现与自然要素更充分的接触。[①] 将这一理论应用于大空间建筑之中，通过建筑腔

---

① 吴耀华，李钢．发展建筑腔体，深层楔入自然——蜂窝煤的启示［J］．新建筑，2005（06）：4-6.

体的植入，可以有效地扩大建筑与自然的接触面，充分获取自然要素，使建筑更充分地利用自然、楔入自然。

在大连理工大学辽东湾校区图书信息中心的设计中，为了适应北方采暖季寒冷的气候，整体建筑采用了体型系数较小的细胞状形体。考虑到建筑中心部位进深较大，结合空间和环境调节的需要，在大体量建筑内部植入了天井腔、中庭腔和表皮腔等多种类型的复合化腔体空间，使得完全封闭的多层叠置空间内部呈现多孔的腔体分布状态，增加空气流通的渠道和自然采光的界面（图2-18）。为了防止腔体设置过多或过大而造成能源的浪费，通过CFD模拟和能耗模拟耦合分析比对，不断拓扑优化腔体的形态和尺度，最终确定了“窄边庭”“小中庭”和“微内院”的腔体形态，在适应寒地气候的前提下获得与自然充分接触的机会。①

图2-18　大连理工大学辽东湾校区图书信息中心的腔体空间

2.4.2　塑造环境均好

在建筑绿色评价标准体系中，绿色性能的均质性是评价大空间建筑室内物理环境质量的一个重要标准。由于大空间建筑的巨大尺度，其室内能量分布呈现出极不均匀的特征，而腔体的植入打破了大空间建筑的空间布局，通过对腔体类型、位置、尺度和界面的设计，可有效改善大空间建筑的物理环境状况，缩小大空间各区域舒适度的反差，为塑造建筑内部环境的均好性提供了可能。

首先，从热环境的影响上，腔体的植入改善了大空间室内温度场的分布状态。针对

① 张帆，张伶伶，李强．大空间建筑绿色设计的腔体导控技术［J］．建筑师，2020（06）：85-90.

大空间内外分区的温场特征，通过腔体的植入，在夏季和过渡季可利用腔体顶部的开口调节室内气流，改善大空间内区冷负荷过高的问题；冬季则闭合腔体的界面开口形成温室，通过接收太阳辐射向外区输送热空气辅助取暖。针对大空间的高度分层现象，夏季可通过腔体底层界面的开启，引导冷风路径穿过人员活动区域，实现被动式分层调控；在冬季，由于热分层现象难以避免，可利用腔体引导上升的热空气沿围护结构冷却下降，促进室内空气对流，从而改善大空间上下层冷热不均的状况。

其次，从光环境的影响上，腔体的植入有利于消除眩光和解决内部采光不足的问题。由于大跨度空间进深方向尺度较大，侧面通常采用大面积玻璃幕墙引入采光。这虽然提高了采光面积，但却造成了室内光环境的分布不均：一方面，边界区域光线过亮易产生眩光，另一方面，内部区域因采光不足需借助人工照明。腔体的引入可为室内提供更多的自然光线。在大型交通建筑和会展建筑中，这种贯通的空间也可以穿越多层楼板直达地下空间，具有良好的采光效果。

最后，从风环境的影响上，腔体的植入有利于促成风压和热压通风。对于通常的水平式风压通风，当建筑进深大于 5 倍室内净高时，其自然通风的效果往往难以保证。[①] 通过腔体的介入，可以大大缩短大空间建筑内部的通风路径，为风压通风创造条件；对于垂直式的热压通风，垂直腔体更易形成高度差，并且通过横截面的设计可提高烟囱效应的拔风效果。在实际设计中，若充分利用大空间屋顶形态提高腔体顶部开口处的室外风速，将更有利于促进风压和热压通风的综合作用，以获得更理想的自然通风效果。[②]

2.4.3 建立梯度缓冲

大空间建筑内部空间均质单一，当室外气候环境发生大幅度变化时，室内缺少相应的过渡空间，很难建立起明确的梯度控制体系。引入具有调控功能的建筑腔体，相当于在建筑的内外之间建立了气候缓冲区，形成室内温度的梯度控制，避免了室内空间受外界不利气候因素波动的影响，从而创造出相对舒适稳定的室内环境。植入的腔体空间难免会损失一些使用面积，但通过结合门厅、过厅、边庭、景观庭院、阳光房等过渡空间进行综合设计，可对主要空间起到防护和缓冲的作用，从而有利于建筑节能和舒适度调节。

通过植入腔体建立大空间内部的梯度缓冲体系，在诺曼·福斯特设计的英国剑桥大学法学院图书馆中得到了集中体现。在充分考虑基地景观朝向和室内采光要求的基础上，一个通高的缓冲边庭被引入图书馆的北侧空间。为了尽可能减少夏季太阳热辐射的面积，设计师根据当地夏至日太阳高度角入射角度的切线确定边庭外玻璃幕墙的弧度。当气候寒

---

① SMITH P F. Architecture in a Climate of Change. A Guide to Sustainable Design［M］. Burlington：Architectural Press，2005.

② 吴耀华. 大进深建筑中的“建筑腔体”生态设计策略研究［D］. 武汉：华中科技大学，2005.

冷时，该边庭空间可使阅览空间避免直接与外界接触，缓解了极端气候对人体热舒适度的不利影响；当气候炎热时，边庭在缓冲外界高温影响的同时，通过空气热压差引导热空气沿着弧面缓缓上升，最终在顶层南侧的排气口排出，有效地组织室内外空气的自然流通，从而降低建筑制冷能耗（图 2-19）。

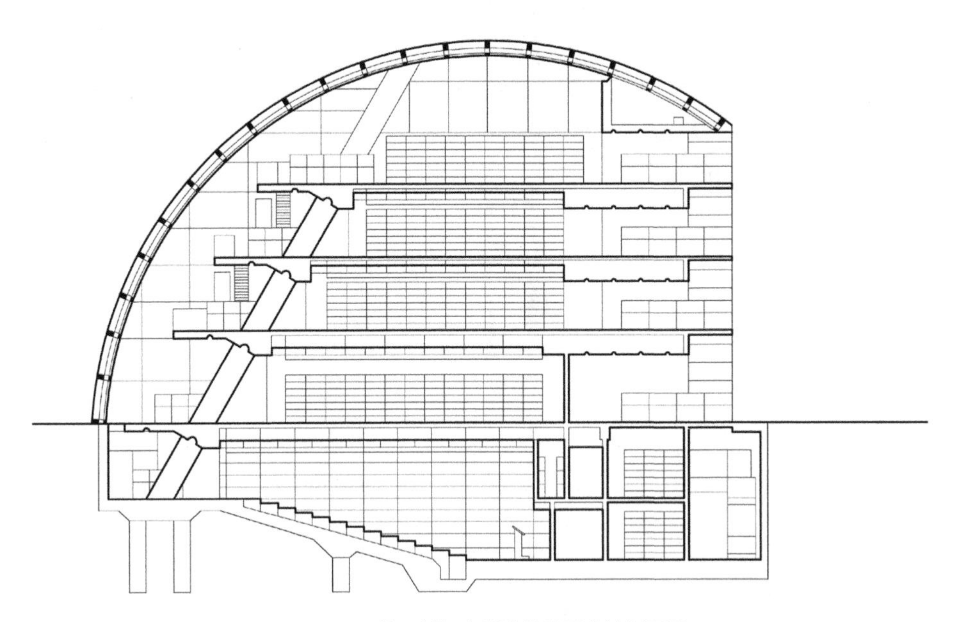

图 2-19　英国剑桥大学法学院图书馆剖面图

2.4.4　实现动态调节

大空间建筑内部的物理环境易受外部气候波动影响，随季节变化和昼夜交替而呈现出明显的周期性变化特征。同时，运行人因状况也对内部空间影响较大，无论是间歇运行还是持续运行，建筑内部冷热负荷都受人群的活动状态而呈现出有序或无序的波动。因此，如何应对这种多变的环境特征，实现内部空间的动态调节，是大空间建筑绿色设计的一个难点。当前，我国大空间建筑内部的环境调节对空调设备的依赖性很大，主要的原因在于大空间内部划分较少，缺少适合调控的空间界面。腔体的引入为大空间带来更多可操作的空间界面，结合材料与构造技术，通过腔体界面的开启与闭合、封闭与通透，分时地调整气流与光线的组织方式，为实现大空间内部空间的被动式调节提供了可能。

在大连理工大学辽东湾校区图书信息中心的设计中，通过运用双层表皮空腔技术实现了空间的动态调节。其外围护界面采用了内部干墙和外部 U 型玻璃组合的腔体设计构造，外部 U 型玻璃在阻挡风沙侵袭的同时，保证内部干墙的开窗可以获得新鲜的空气。双层幕墙上下均设置有可控制开合的百叶。夏季时百叶开启，幕墙空腔成为拔风的井道，从底部带来室外水面上的清凉空气，从顶部带走腔体内的热空气；冬季时百叶关闭，空腔将辐射热储存起来成为小型的阳光暖房，通过干墙上可开启的窗户将温暖的空气引入室内（图 2-20）。

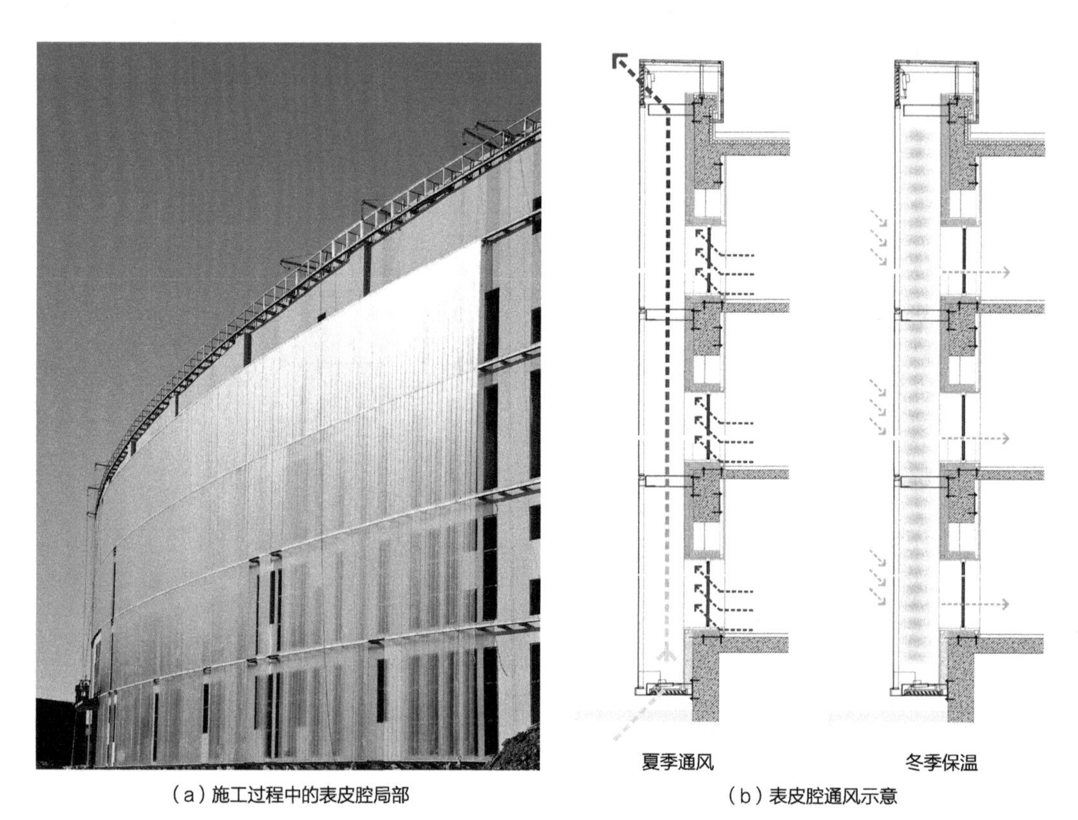

（a）施工过程中的表皮腔局部　　（b）表皮腔通风示意

图 2-20　大连理工大学辽东湾校区图书信息中心的表皮腔体调节

本章图表来源：

表中未注明的图表均为作者自绘。

图表编号	图表名称	图表来源
图 2-1	骆驼鼻腔的空气制冷及水回收系统	改绘自：SHAHDA M M，ELHAFEEZ M A，MOKADEM A E. Camel's Nose Strategy：New Innovative Architectural Application for Desert Buildings [J]. Solar Energy，2018 (176)：725-741.
图 2-2	白蚁穴的自然通风机制	改绘自：TURNER1 J S. Beyond Biomimicry：What Termites Can Tell Us About Realizing the Living Building [C]. First International Conference on Industrialized, Intelligent Construction (I3CON) . Loughborough University，2008 (05)：1-18.
图 2-3	麻省理工大学学生公寓剖面意向草图	Steven Holl. Simmons Hall at MIT. https://www.archdaily.com/65172/simmons-hall-at-mit-steven-holl.
图 2-4	麻省理工大学学生公寓内部的腔体空间	Steven Holl. Simmons Hall at MIT. https://www.archdaily.com/65172/simmons-hall-at-mit-steven-holl.
图 2-5	台中大都会歌剧院内部的腔体结构	伊东丰雄．台中大都会歌剧院．http://www.ikuku.cn/post/12857.
图 2-6	台中大都会歌剧院外部形态	伊东丰雄．台中大都会歌剧院．http://www.ikuku.cn/post/12857.
图 2-7	上海保利大剧院	https://www.architecturalrecord.com/articles/7368-poly-grand-theater
图 2-8	巴塞罗那普莱尔玻璃厂基址新建市民中心剖面图	改绘自：https://www.floornature.com/harquitectes-civic-centre-former-cristalleries-planell-barce-14459/
图 2-9	巴塞罗那普莱尔玻璃厂基址新建市民中心	https://www.floornature.com/harquitectes-civic-centre-former-cristalleries-planell-barce-14459/
图 2-10	大连理工大学辽东湾校区教学楼中的井道腔体	张帆，张伶伶，李强．大空间建筑绿色设计的腔体导控技术 [J]．建筑师，2020 (06)：85-90.
图 2-11	大连理工大学辽东湾校区教学楼井道腔体的采光通风示意图	张帆，张伶伶，李强．大空间建筑绿色设计的腔体导控技术 [J]．建筑师，2020 (06)：85-90.
图 2-12	诺丁汉英国国内税务中心	https://www.hopkins.co.uk/projects/5/88/
图 2-13	Dennis Ho 的中庭类型划分	改绘自：HO D. Climatic Responsive Atrium Design in Europe [J]. Architectural Research Quarterly，1996，1 (03)：64-75.
图 2-14	辽东湾创业中心剖面图	张帆，张伶伶，李强．大空间建筑绿色设计的腔体导控技术 [J]．建筑师，2020 (06)：85-90.
图 2-15	辽东湾创业中心透视图	张帆，张伶伶，李强．大空间建筑绿色设计的腔体导控技术 [J]．建筑师，2020 (06)：85-90.

续表

图表编号	图表名称	图表来源
图 2-16	美国旧金山迪扬美术馆	Hood Design Studio. http://www.hooddesignstudio.com/deyoung
图 2-17	德国 ESO 总部扩建项目	Structurae. https://structurae.net/en/structures/eso-headquarters-extension/media
图 2-18	大连理工大学辽东湾校区图书信息中心的腔体空间	天作建筑提供
图 2-19	英国剑桥大学法学院图书馆剖面图	改绘自：Foster+Partners. https://www.fosterandpartners.com/projects/type/?projecttype=health-and-education
图 2-20	大连理工大学辽东湾校区图书信息中心的表皮腔体调节	张帆，张伶伶，李强. 大空间建筑绿色设计的腔体导控技术[J]. 建筑师，2020（06）：85-90.

第3章

腔体自然通风的实验模拟

腔体对大空间建筑自然通风的作用和效果取决于两个因素：一是腔体本体的通风效能，二是腔体在大空间建筑中的布置方式。就第一个因素而言，腔体的类型、腔体的几何形态、腔体开口的位置和几何尺寸等设计变量，以及各设计变量之间的协同作用，对腔体的自然通风效能具有至关重要的决定性作用。本章即以腔体的通风效能为研究重点，在简化大空间建筑形态特征的前提下，建立大空间中腔体植入的基础模型，利用 CFD 平台开展自然通风模拟，依次输入腔体形态变量，输出风流量、风速、空气龄等评价指标，通过回归拟合曲线、分布云图的分析，揭示腔体形态变量对其通风效能的作用机制，总结腔体形态变量与大空间自然通风的关联规律，为腔体形态选择提供技术支持。

3.1　基础实验模型的建立

3.1.1　实验平台的选择

CFD（computational fluid dynamics）是基于质量守恒、能量守恒、动量守恒、组分浓度守恒规律的流体动力学，Fluent 为其模拟实验平台。利用有限元分析软件 Ansys 进行数值模拟，通过前处理器 Design Modeler 建立实验模型，调用 Mesh 建立全六面体网格，并对边界条件进行命名。将网格传递到求解器 Fluent，在 Fluent 中设置边界条件，包括墙体、天花板的温度和传热系数以及进风口的风向、风速和温度，出风口的回流温度和室内人员散热量等。在 Fluent 中搭建好方程后，Fluent 可以自动进行迭代解方程，当方程残差低于千分之一时默认收敛，即模拟结果最接近稳态。此时调用后处理器 CFD-Post 进行后处理，用函数计算器提取大空间人员高度和横剖面的平均风速、平均空气龄，以及腔体位于屋面高度平面的风流量、风速等，作为模拟实验的输出结果。对模拟结果进行数据分析，从而得到腔体变量参数与输出结果参数的线性或非线性关系。①CFD广泛用于机械通风、风压通风、热压通风及协同作用下的自然通风模拟研究，具有较高的准确性和可靠度。本章利用CFD平台开展自然通风模拟实验，实验模拟流程如下。

（1）确定研究变量

基于自然通风原理，针对井道、中庭、天井三类腔体的形态特征，选定能够明显影响通风效果的形态因素，一般包括腔体的形态变量和开口变量两大类，作为模拟实验的输入变量。合理确定变量的取值区间和数量，既能反映腔体自然通风的形态特征变化，又可有效避免因变量过多使模拟实验变得复杂。

（2）建立实验模型

根据各类大空间建筑的调研数据统计，选取尺度适中、形态单一的大空间作为基本模型，利用CFD中前处理器Design Modeler建立大空间实验模型，同步建立腔体实验模型，通过Workbench中的参数管理器对腔体变量进行参数调节。

（3）设定边界条件

以沈阳为假定模拟实验的地理位置，通过Grasshopper插件Ladybug中的链接，设定模拟实验的气候参数。参照相关标准，设定建筑围护结构热工性能信息和建筑内部空间负荷设计参数。

（4）实验模拟

基于实验模型，选择一组腔体实验变量进行实验，通过求解器Fluent进行数值模拟，通过后处理器CFD-Post以数据和云图形式输出实验结果。通过参数管理器，调整腔体自变量取值，依次输出实验结果，建立自变量、因变量实验数据组。

（5）实验结果分析

利用Office、MATLAB、SPSS等软件对模拟结果进行数据分析，利用风流量、风速、空气龄云图进行自然通风可视性分析，探讨腔体通风的机制和规律。

模拟流程参数化模块如图3-1所示。

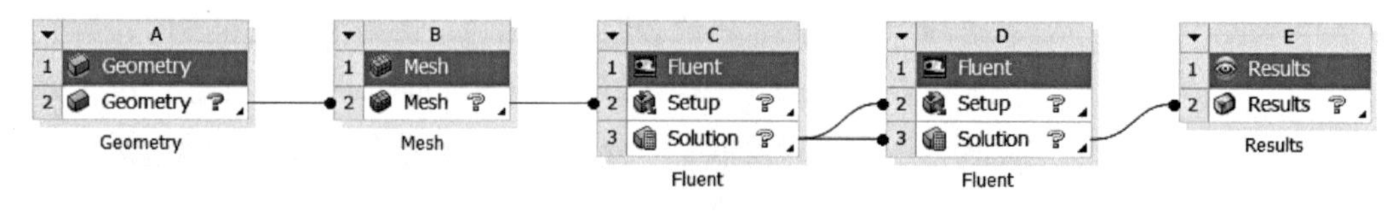

图3-1　模拟流程参数化模块

① 夏柏树，张宁，陈彦百．基于回归分析的特大型火车站候车厅腔体通风设计策略［J］．沈阳建筑大学学报（自然科学版），2020，36（06）：1098-1105.

3.1.2 空间模型的确定

从前述大空间建筑的分析可以看出，尽管概括为展览中心、会议中心类的均质型大空间，火车站、航站楼类的轴线型大空间，体育馆、影剧院类的包络型大空间，全民健身中心和大空间综合体类的组合型大空间等四种类型，具体的某一大空间建筑的形态表现仍是纷繁多样的。大空间的形式和尺度、界面的围合和开口方式、大空间与附属空间的组合模式等，对大空间自然通风的限制和腔体选择都有直接的影响。为了弱化这些大空间具体形态对自然通风的影响，聚焦腔体本体各形态变量与自然通风关联机制的研究，对大空间进行简化是必要的。

笔者研究团队曾对我国北方地区 12 个省、直辖市的 70 余座城市，360 余栋大空间建筑进行了广泛调研，包括体育馆 180 余栋、全民健身中心 50 余栋、火车站 60 余座、影剧院 30 余座，以及会展中心和航站楼 30 余栋，初步建立了涵盖建筑概况、规模尺度、空间形态、围护界面等信息的大空间建筑数据库。从大空间的平面形态看，为适应大规模人群集中使用的功能和流线要求，80% 以上的大空间采用了矩形、近矩形的平面形态，其余表现为类圆形、折线形或自由形等。本书以占比最多的矩形平面作为腔体通风效能研究的大空间平面样本。

从 30m、50m 跨度的影剧院，到 60m、80m 跨度的体育馆，再到长向跨度达 200m 以上的火车站候车厅，各类大空间因功能不一，尺度变化较大。大空间的高度方面，一般在 12 ~ 40m 之间。为了降低空间尺度对腔体通风效能研究的干扰，大空间典型空间模型的尺度取较大值，为 100m（X 轴向）× 100m（Y 轴向）× 20m（Z 轴向）。

在大空间的围护界面和邻接空间的选择上，为了降低界面开口对室内风环境的影响，尽力营造较为稳定的室内风环境，一方面选取形态单一的大空间为基础模型，去除周边邻接空间的限制，另一方面把大空间的外界面开口设为均布方式，选取 3m × 1.2m 横向条窗、间距 9m 的开窗方式，模拟实验中洞口全部设为开启状态。据上分析，基础实验模型见图 3-2。

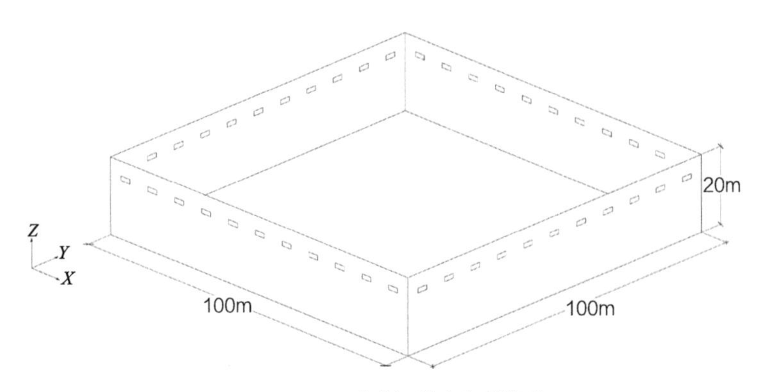

图 3-2　大空间基础实验模型

3.1.3 实验变量的设计

从纯粹的几何层面讲，影响自然通风的腔体变量分两类：一是腔体形态变量，包括腔体截面尺度变量、腔体高度变量；二是腔体开口变量，包括室内侧下部开口的宽度、高度、距地高度，顶部开口的宽度、高度、距屋顶高度。

井道、中庭、天井三类腔体，在大空间建筑的通风作用方面，有较多相似之处，均是利用了风压、热压的综合作用，建立了竖向的气流通道，促进了大空间的自然通风。但是，从三类腔体影响自然通风效果的形态要素上看，还是存在明显的差别。井道类腔体，一般来讲空间不可进入，平面尺度较小，竖向通高且高度可灵活选择，上、下开口和侧向开口均不受限制；中庭类腔体，底面可进入，平面尺度较大，高度可适度突出屋面或低于屋面，顶部通常采光，设有一定面积的通风窗，侧面四向通常均匀敞开，侧开口在竖向上可变化；天井类腔体，底面可进入，平面尺度选择加大，高度通常与屋面平齐，顶面完全开敞，侧面开窗比例灵活，四向通风洞口可区别处理。由此看来，针对三类腔体特点，分别设置变量并对应开展模拟实验是必要的。

3.1.3.1 井道腔体变量设置

（1）井道腔体截面变量

基于流体力学的基本经验，纯粹从通风效率的角度考虑，独立设置的井道腔体宜选圆形截面；在与其他构造组合在一起时，多以矩形截面出现，且以近方形为佳。考虑到大空间建筑室内空间体积常常在 10 万 ~ 30 万 m^3 的巨大规模，以及井道腔体的可能尺度，本模拟实验腔体截面基本形为正方形，边长变量设为 J_1，变化范围取 2.0 ~ 10.0m，变量间距 1.0m，变量数量 9 个（表 3-1），变量示意见图 3-3。

井道腔体变量　　表 3-1

变量名称	取值范围	取值间距	取值个数	基准值
J_1 井道腔体边长	2.0 ~ 10.0m	1.0m	9	3.0m
J_2 井道腔体高度	22.0 ~ 30.0m	1.0m	9	25.0m
J_3 井道腔体上部开口宽度缩放系数	0.1 ~ 2.0	0.1 ~ 0.2	15	0.8
J_4 井道腔体上部开口高度	0.5 ~ 7.0m	0.5 ~ 1.0m	11	2.0m
J_5 井道腔体上部开口距屋面高度	0.5 ~ 3.0m	0.5m	6	1.0m
J_6 井道腔体下部开口宽度缩放系数	0.1 ~ 2.0	0.1	20	0.8
J_7 井道腔体下部开口高度	0.5 ~ 10.0m	0.5 ~ 1.0m	15	3m
J_8 井道腔体下部开口距地高度	0.5 ~ 5.0m	0.5m	10	3m

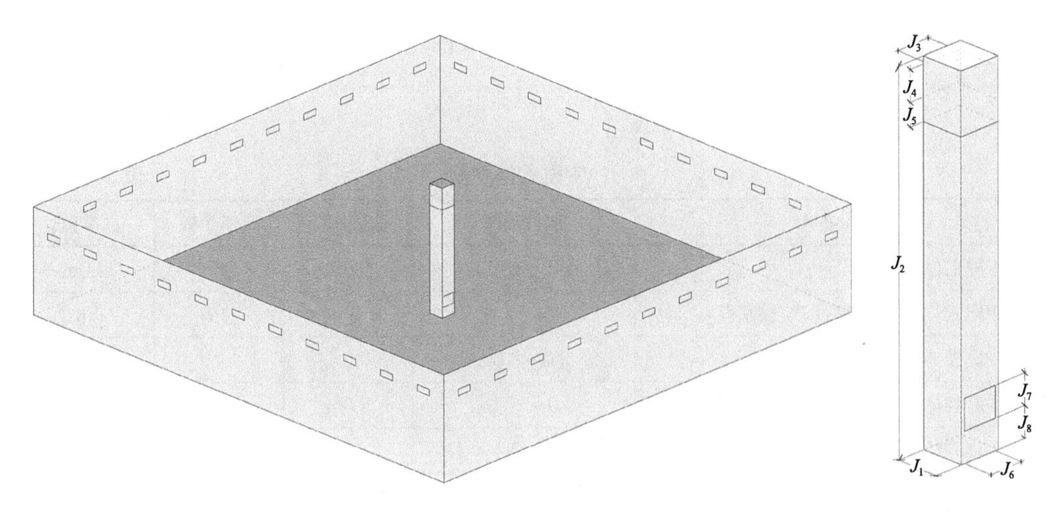

图 3-3　井道腔体变量示意图

（2）井道腔体高度变量

从通风的角度看，腔体出屋面的意义在于创造了大空间进风口、出风口的高度差，进而增大温度差、风压差，实现促进通风的作用。相关研究表明，单纯地提高腔体出屋面的高度，对腔体通风性能的提高有限。本模拟实验为求证腔体出屋面高度对通风效能的影响规律，设置腔体高度变量 J_2，取值范围为 22.0～30.0m，变量间距 1.0m，变量数量 9 个。

（3）井道腔体顶部侧开口变量

井道腔体出屋面后，开口宜设于背风向侧面，设置开口宽度变量 J_3、开口高度变量 J_4、开口距屋面高度变量 J_5。开口宽度变量用开口宽度与腔体对应边长的比值来表示，变量范围为 0.1～2.0，变量间距为 0.1～0.2，变量数量为 15 个；开口高度变量范围为 0.5～7.0m，变量间距为 0.5～1.0m，变量数量 11 个；开口距屋面的高度变量范围为 0.5～3.0m，变量间距为 0.5m，变量数量 6 个。

（4）井道腔体室内侧开口变量

通常情况下，腔体在室内部分侧面设置开口，设置开口宽度变量 J_6、开口高度变量 J_7、开口距地面高度变量 J_8。开口宽度变量，选用侧开口宽度与腔体对应边长的比值来表示，变量范围为 0.1～2.0，变量间距为 0.1，变量数量为 20 个；开口高度变量范围为 0.5～10.0m，变量间距为 0.5～1.0m，变量数量 15 个；开口距地面的高度变量范围为 0.5～5.0m，变量间距为 0.5m，变量数量 10 个。

3.1.3.2　中庭腔体变量设置

（1）中庭腔体截面变量

中庭一般设置在多个大空间之间，依靠不同高度的侧开口和屋面开窗，实现大空间的自然通风。为简化研究，模拟实验选取的中庭腔体设在典型大空间模型的中部，平面形态为正方形。中庭边长变量设为 Z_1，变化范围取 4.0 ~ 26.0m，变量间距 2.0m，变量数量 12 个（表 3-2），变量示意见图 3-4。

中庭腔体变量　　表 3-2

变量名称	取值范围	取值间距	取值个数	基准值
Z_1 中庭腔体边长	4.0 ~ 26.0m	2.0m	12	12.0m
Z_2 中庭腔体顶部开口面积缩放系数	0.1 ~ 1.0	0.1	10	0.8
Z_3 中庭腔体侧面开口高度	3.0 ~ 6.0m	0.5m	7	2m
Z_4 中庭腔体侧面开口距地高度	0.0 ~ 16.0m	5.0m	8	2m
Z_5 中庭腔体平面比例	4 ∶ 36 ~ 12 ∶ 12	—	5	12 ∶ 12

为辨识中庭平面比例对自然通风的影响，设置中庭平面比例模拟变量 Z_5，用矩形中庭两边长的比值来表示。设置中庭 X 轴向边长为 Z_1，Y 轴向边长为 Z_{11}，通过 Z_1 和 Z_{11} 的变化改变中庭的平面比例。同样由于室内通风矢量方向为 45° 对称，故只选取 X 轴向为中庭长向进行模拟。以 144m² 中庭为参考，中庭比例模拟变量组选取为 36m × 4m、24m × 6m、16m × 9m、14.4m × 10m、12m × 12m 五组进行对比研究。

（2）中庭腔体屋面开口变量

中庭顶面一般与屋面同高，多满设玻璃天窗，其上开设一定比例的可开启洞口。模拟实验设顶部开口面积变量 Z_2，用洞口面积与中庭面积的比值来表示，设置范围 0.1 ~ 1.0，变量间距 0.1，变量数量 10 个。

（3）中庭腔体侧面开口变量

中庭侧面一般通长设为洞口，去除梁板后洞口高度常在 3.0 ~ 6.0m。本模拟实验设置

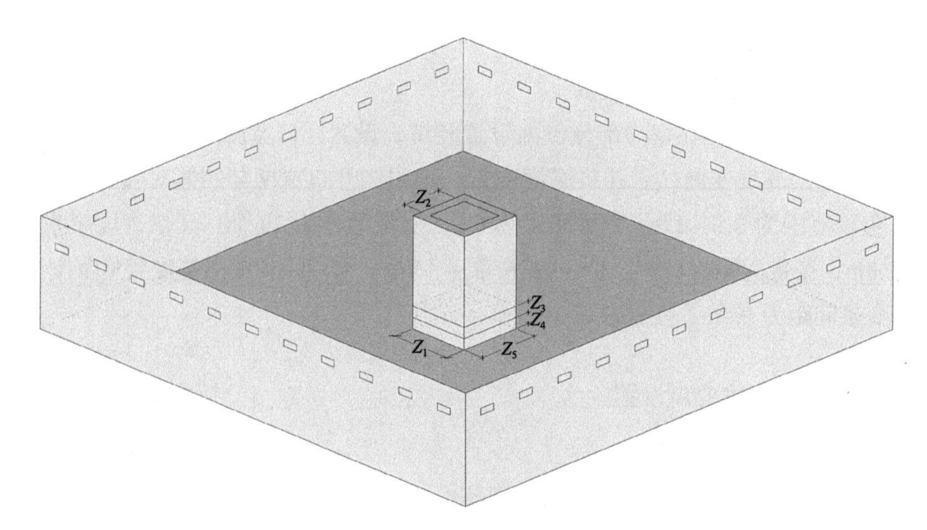

图 3-4　中庭腔体变量示意图

侧面开口高度变量 Z_3，取值范围 3.0 ~ 6.0m，变量间距 0.5m，变量数量 7 个。设置中庭侧面开口距地高度变量 Z_4，考虑中庭对大空间层高的适应性要求，Z_4 取值分别为 0.0m 和 1.0m、5.0m 和 6.0m、10.0m 和 11.0m、15.0m 和 16.0m 四组进行对比研究，变量数量 8 个。

3.1.3.3　天井腔体变量设置

（1）天井腔体截面变量

为保证大空间形态的完整性，在大空间中部设置的天井或多个大空间之间共同邻接设置的天井，多为矩形平面。为淡化大空间复杂形态的影响，本模拟实验的天井腔体设置在典型大空间模型的中部，平面形态为正方形。天井腔体边长变量设为 T_1，变化范围取 6.0 ~ 30.0m，变量间距 2.0m，变量数量 13 个（表 3-3），变量示意见图 3-5。

天井腔体变量　　　表 3-3

变量名称	取值范围	取值间距	取值个数	基准值
T_1 天井腔体边长	6.0 ~ 30.0m	2.0m	13	12.0m
T_2 天井腔体平面比例	4 ∶ 36 ~ 12 ∶ 12	—	5	12 ∶ 12
T_3 天井腔体侧面开口高度	0.5 ~ 5.0m	0.5m	10	2.0m
T_4 天井腔体侧面开口距地高度	0 ~ 5.0m	0.5m	11	1.0m

考虑到天井平面比例同样会对自然通风产生明显影响，故设置天井腔体平面比例模拟变量 T_2，用矩形天井两边长的比值来表示。设置天井 X 轴向边长为 T_1，Y 轴向边长为 T_{11}，通过 T_1 和 T_{11} 的变化改变天井的平面比例。由于天井开窗按四面均布考虑，室内通风矢量方向为 45° 对称，故只选取 X 轴向为天井长向进行模拟。以 144m² 天井为参考，

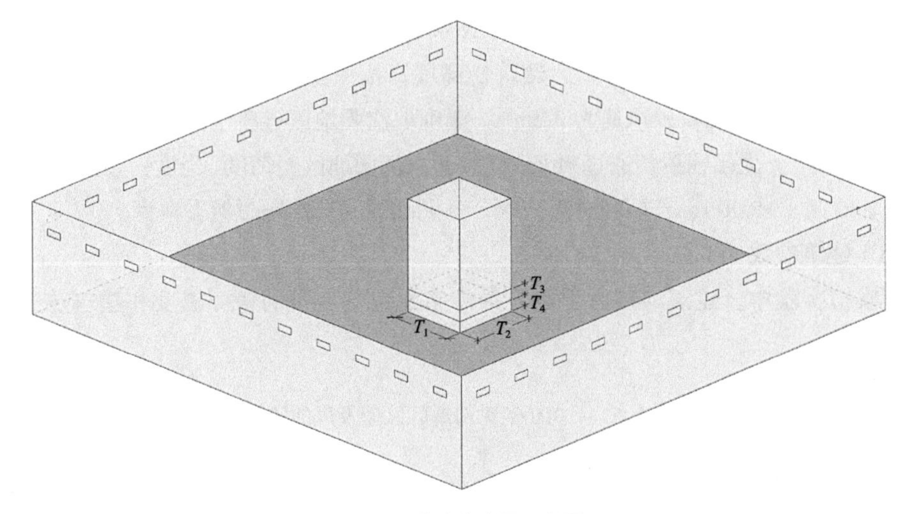

图 3-5　天井腔体变量示意图

天井比例模拟变量组选取为 36m × 4m、24m × 6m、16m × 9m、14.4m × 10m、12m × 12m 五组进行对比研究。

（2）天井腔体开窗变量

通常情况下，天井四周均设窗。为简化开窗形式，本模拟实验中天井四周通长设置可开启外窗，开窗变量为侧面开口高度 T_3 和侧面开口距地高度 T_4，T_3 变量范围为 1.0 ~ 5.0m，变量间距 0.5m，变量数量 10 个。T_4 变量范围为 0 ~ 5.0m，变量间距 0.5m，变量数量 11 个。

3.1.4 实验参数的设置

（1）网格划分

在有限元仿真分析中，网格的质量对分析结果的影响不容忽视。尤其是针对流体力学分析，一般而言网格质量越好，计算精度越准确。六面体网格一般比四面体网格质量高，六面体网格计算比四面体网格更容易收敛。六面体网格方向更能迎合流场方向，比四面体网格离散误差要小，计算精度更高。有限元模拟仿真在单元选用合理、计算假设合理、网格划分合理的前提下，网格单元数量越多，结果越接近理论解，只是网格单元数量越多，模拟计算时间越长。本模拟实验综合考虑计算精度和模拟效率，由外至内采取渐密的六面体网格，对模拟实验计算域进行划分。大空间建筑内部网格最大尺寸设为 1m，腔体内部网格最大尺寸设为 0.5m。计算域内最小网格尺寸 0.1m，网格总量为 462924 个。

（2）边界条件

本模拟实验在 CFD 模拟中综合考虑了风压和热压共同作用下的自然通风。计算域入口边界采用速度入口，其风速设定为指数风速剖面，风向与入口界面的角度为 45°。风速和温度以寒地典型城市沈阳为参考，风速取沈阳地区过渡季的平均风速 3.1m/s 作为环境风速[①]，根据城市建成区实际风速与气象站风速的计算公式：$V=k \cdot V_0 \cdot Z \cdot a$（其中：$V$ 为建筑所在地的实际风速（m/s）；V_0 为气象站风速，取值 3.1m/s；k、a 为地形系数，按市中心考虑分别计为 0.21、0.33；Z 为建筑物高度，按大型公共建筑平均高度取值 15m），计算得出本模拟实验的室外风速为 3.2m/s。温度取沈阳地区过渡季的计算参数 25.6℃作为室外计算温度[②]。太阳辐射值通过 Fluent 插件输入沈阳地区经纬度（经度：123.38E，纬度：41.8N）、时区（+8.00）、日期和时间获取，日期和时间选沈阳过渡季典型。

（3）建筑参数

本模拟实验中，建筑的热力学边界条件主要包括建筑的壁面温度和建筑热工参数。

① 孙岩，林刚，郑崇伟，等. 1951 ~ 2010 年沈阳地区风速及风能资源特征分析［J］. 节能，2013，32（01）：7-9.

② 中国气象局气象信息中心气象资料室. 中国建筑热环境分析专用气象数据集［M］. 北京：中国建筑工业出版社，2005.

在建筑壁面温度选择上，根据笔者研究团队曾对大空间建筑的实地调研和用红外热成像仪对大空间壁面温度的数据采集统计，将建筑墙体温度、地面温度、屋面温度及腔体壁面温度分别简化为恒定的 28℃、30℃、32℃、30℃。在建筑热工参数选择上，根据《公共建筑节能设计标准》（JB 50189—2015）[①] 中，严寒 C 区甲类公共建筑围护结构热工性能限值的相关要求，实验模型的围护结构平均传热系数取值如表 3-4 所示。

围护结构传热系数　　表 3-4

	外墙	地面	屋面	内墙
传热系数 K［W/（m^2·k）］	0.43	0.715	0.35	1.6474

（4）室内热源参数

本模拟实验选取体育类大空间建筑作为参考。根据《空气调节设计手册》[②] 中对劳动强度的分类，体育运动的劳动强度为重型，在适宜温度 26℃下，运动员的显热人体散热量为 134W/ 人，女性运动员散热量为男性的 85% 即 113.9W/ 人。人员数量按球类运动项目中人员密度较高的羽毛球为参考，男女比例为 1 ∶ 1，场地内平均人体散热量为 123.95W/ 人。实验中将人体换算成室内热源均匀分布。

3.1.5　评价指标的选定

腔体通风的评价指标分为两个层面：一是反映腔体本体通风效能的评价指标，强调腔体本体各形态变量协同下的通风效率；二是强调腔体对大空间自然通风的作用，反映大空间室内风环境质量的物理指标，以及风环境对人体舒适度的影响。

（1）风流量

在腔体通风效能评价指标的选择上，借鉴工业通风领域井道通风的计算方法，选取腔体在大空间屋面标高处、单位时间内的风流量作为腔体通风评价指标。计算公式为 $L=3600 \cdot V \cdot F$，其中 V 为截面风速（m/s），F 为截面面积（m^2），L 为风流量（m^3/h）。[③] 由计算公式可以看出，腔体风流量受截面面积影响，较容易理解，也便于量化分析；腔体计算截面处的风速，与进出风口的压力差、温度差和腔体截面形态带来的阻力等有关，较为复杂，适于利用计算机模拟进行判断和分析。

（2）风速

在腔体对大空间室内风环境、人体舒适影响的指标选择上，通常可用风速、空气龄

① 中华人民共和国住房和城乡建设部．公共建筑节能设计标准：GB 50189—2015［S］．北京：中国建筑工业出版社，2015.

② 第四机械工业部第十设计研究院．空气调节设计手册［M］．北京：中国建筑工业出版社，1983.

③ 北京市设备安装工程公司．全国通用通风井道计算表［M］．北京：中国建筑工业出版社，1977.

等物理指标来说明。关于风速指标，从大空间自然通风较弱的角度，一般希望加强通风效果，风速越大越好；在具体的运动类、观演类、交通类、展览类大空间建筑中，人对风速的舒适度要求是在一定的范围内的，需给定具体的适宜风速范围。从人体舒适度的角度考虑，选择大空间人体活动高度 1.5m 平面的平均风速为评价指标。

（3）空气龄

空气龄是指空气质点自进入房间至达到室内某点所经历的时间，单位为秒（s）。平均空气龄体现了室外空气进入房间、排出房间的综合时效，反映了房间排除污染物的能力。[①] 室内空间的平均空气龄越小，说明房间空气越新鲜、空气品质越好，即房间的自然通风效果越好。

3.1.6 分析方法的选取

（1）回归分析

在统计学中，回归分析是确定两种或两种以上变量间相互依赖的定量关系的一种统计分析方法。通过规定自变量、因变量之间的因果关系，建立回归拟合模型，根据实测数据来求解模型的各个参数，进而确定回归分析方程。拟合模型的拟合度即 R-Square 越接近 1 时，表明拟合度越好，拟合模型可信度越高。

本模拟研究中，回归分析主要用于判定一个腔体形态自变量和一项评价指标因变量之间的关系。根据大空间腔体通风模拟实验得出的数据组，在某一腔体形态自变量与评价指标因变量之间，建立回归拟合模型及回归方程，求导得出回归拟合曲线，且拟合曲线最大限度地契合模拟实验数据。根据回归拟合曲线，可以直观读出腔体形态自变量是否影响评价指标因变量，以及这种影响的方向和程度。

（2）相关性分析

相关性分析是指对两个或多个具备相关性的变量元素进行分析，从而衡量两个变量因素的相关密切程度的分析方法。本书采用 SPSS 软件的双变量相关分析方法，选用显著性双尾检验（Sig.2-tailed）来判定自变量、因变量是否相关，选用斯皮尔曼相关系数（Spearman）作为自变量与因变量之间相关性强度排序的依据。

显著性双尾检验 Sig 值可以对相关性分析结果进行验证，低于 0.01 说明腔体自变量与舒适度因变量之间的关联可信度水平大于 99%，低于 0.05 说明自变量与因变量之间的关联可信度水平大于 95%，可进行相关性描述；Sig 值高于 0.05 说明自变量与因变量之间的关联可信度水平低，不可用于相关性描述。[②]

斯皮尔曼相关系数用于度量两个变量之间的相关程度，其值介于 –1 ~ 1 之间。当随

① 朱颖心．建筑环境学［M］．北京：中国建筑工业出版社，2010.

② 马秀麟，姚自明，邬彤，等．数据分析方法及应用［M］．北京：人民邮电出版社，2015：302.

着自变量的增加，因变量趋于增加，则斯皮尔曼相关系数为正，反之为负。斯皮尔曼相关系数的绝对值大小在 0.8 ~ 1.0 之间为极强相关，0.6 ~ 0.8 之间为强相关，0.4 ~ 0.6 之间为中等强度相关，0.2 ~ 0.4 之间为弱相关，0 ~ 0.2 之间为极弱或者无相关。[①]

在本模拟研究中，相关性分析主要用于判断腔体的多个变量与风流量、风速、空气龄是否相关，以及存在相关性时各变量的关联性排序。在操作上，应逐一对腔体变量的实验数据组进行相关性分析，完成显著性检验，导出斯皮尔曼相关性系数，据此做出腔体变量对评价指标的相关性排序。

3.2　井道腔体自然通风模拟

井道腔体的模拟实验变量分别为井道腔体截面边长 J_1 和井道腔体高度 J_2，井道腔体上部开口宽度缩放系数 J_3、高度 J_4、距屋面高度 J_5，井道腔体下部开口宽度缩放系数 J_6、高度 J_7、距地高度 J_8，变量取值范围、个数按前文设置（参见表 3-1）。在 8 个变量先行选定基准值的情况下，分别对 J_1 ~ J_8 变量进行单变量模拟实验，即在其取值范围内逐一选取变量数据输入 CFD 实验模拟平台，对应输出腔体屋面标高处风流量 L_{20}、平均风速 V_{20} 和大空间 1.5m 高度平面平均风速 $V_{1.5}$、1.5m 高度平面平均空气龄 $K_{1.5}$、XZ 剖面平均空气龄 K_{xz} 等评价指标及相应云图。对输入、输出数据组进行回归拟合分析和相关性分析，揭示井道腔体单一形态变量与风流量、空气龄、风速之间的数值关系；对风速、空气龄云图进行可视性分布分析，探讨井道腔体单一形态变量对大空间自然通风效果的影响规律。

在进行井道腔体变量模拟实验之前，关于腔体开口的设置，有三个方面的定性判断需要先期说明。

（1）井道腔体下部开口的设置

在大空间建筑架空设置的情况下，植入大空间的井道腔体可以向下开设通向室外的开口。井道腔体上下两端均直通室外，建立了更加顺畅的室外风流通道，能够更加深度地带动腔体周边空间的空气流动，提高大空间的自然通风效果。由此得出基本判断：在满足场地条件、空间需要时，大空间应优选架空设置，更加利于植入其中井道腔体的自然通风。由于大多数大空间建筑底部架空工况较为少见，因此后续模拟实验均以井道腔体下部不设开口为模拟实验的基本设置。

（2）井道腔体上部开口的设置

井道腔体出屋面后的开口有两类选择，一是向上设出风口，二是腔体高出屋面后在背风向的侧面设出风口。从风压通风角度看，侧面开口较上部开口更加有利于腔体上部负压的形成，能够加大大空间低空区域与井道腔体上部的风压差，进一步提升腔体自然通风

---

① 夏柏树，张宁，白晓伟. 大型火车站候车厅腔体植入设计的舒适度关联研究［J］. 建筑技艺，2020（07）：98-101.

的效能。由此得出基本判断：井道腔体上部出风口，应优先考虑腔体突出屋面，在背风向侧面设置出风口。后续单变量模拟实验，均以腔体上部背风向侧面设出风口为模拟实验的基本设置。

（3）井道腔体室内开口方向的设置

基于风压通风的基本原理，在建筑迎风向设置进风口，利于形成正压、采集风流进入室内，促进建筑的自然通风。同理，在大空间的内部，植入的井道腔体开口应设在室内风矢量方向的上风侧。从井道腔体通风效能的角度来看，优选迎风向单侧设置开口，腔体通风效能较好，对大空间的自然通风作用强，缺点是井道背风侧出现风影区，需要有效控制井道的尺寸。由此得出基本判断：腔体室内进风口，优先选择迎风向单侧设置。后续单变量模拟实验，均以腔体室内迎风向单侧进风口为基本设置。

3.2.1 井道截面边长 J_1 模拟与分析

井道腔体截面边长变量 J_1 取值数量 9 个，取值范围 2.0 ~ 10.0m，变量间隔 1.0m，依次输入基础实验模型。腔体上部开口宽度缩放系数 J_3、下部开口宽度缩放系数 J_6 取截面边长的 0.8 倍，开口宽度与井道腔体截面同步变化，其他变量 J_2、J_4、J_5、J_7、J_8 取基准值。依次输出腔体屋面标高处平均风速 V_{20}、风流量 L_{20} 数据，大空间 1.5m 高度平均空气龄 $K_{1.5}$、XZ 剖面平均空气龄 K_{XZ} 数据（图 3-6），大空间 1.5m 高度的空气龄和风速、XZ 剖面空气龄的分布云图（表 3-5）。

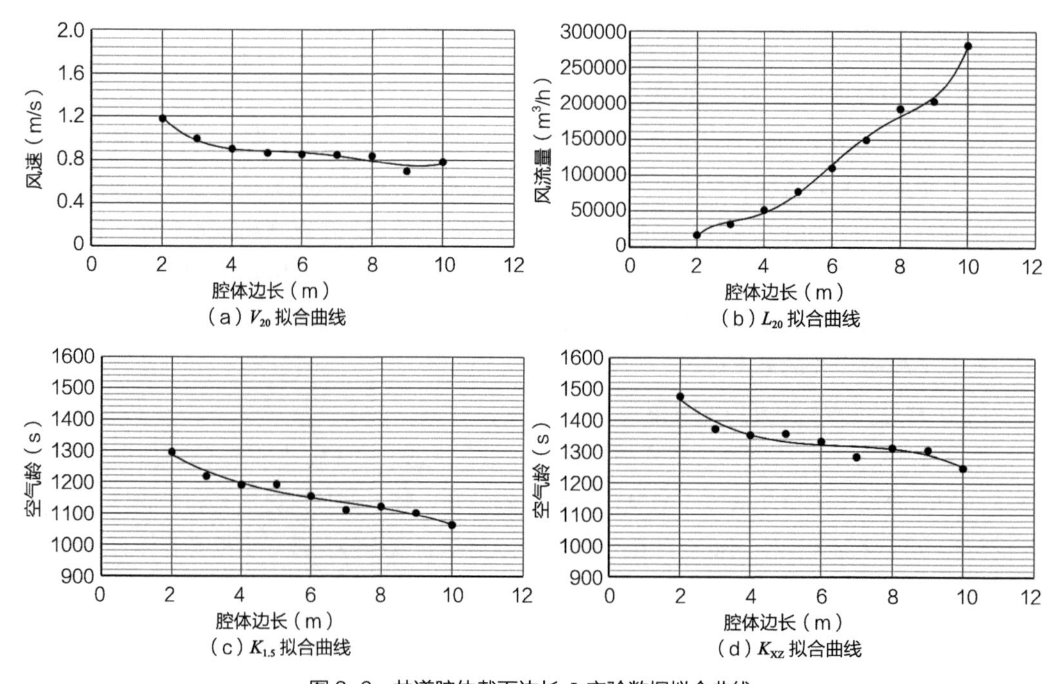

图 3-6　井道腔体截面边长 J_1 实验数据拟合曲线

井道腔体截面边长 J_1 实验数据分布云图 表3-5

J_1	$K_{1.5}$（s）分布云图 0.00 250 600 950 1300 1650 2000	$V_{1.5}$（m/s）分布云图 0.00 0.25 0.50 0.75 1.00 1.25 1.50	K_{XZ}（s）分布云图 0.00 250 600 950 1300 1650 2000
2			
4			
6			
8			
10			

模拟实验分析如下：

（1）井道腔体的平均风速 V_{20} 分析

从腔体屋面标高的平均风速 V_{20} 拟合曲线趋势看，随着 J_1 的增大，V_{20} 总体上持续下降，风速由 1.18m/s 降至 0.78m/s。从变化的幅度看，J_1 取值 2.0～4.0m 之间，V_{20} 降幅相对较大，J_1 每增加 1.0m，风速下降 0.14m/s；J_1 取值 4.0～10.0m 之间，V_{20} 下降趋缓趋平，J_1 每增加 1.0m，风速下降 0.02m/s。

（2）井道腔体的风流量 L_{20} 分析

从腔体屋面标高的风流量 L_{20} 拟合曲线趋势看，随着 J_1 在 2.0～10.0m 取值范围内的增大，风流量 L_{20} 持续增大，风流量自 16974.7m^3/h 增长为 281233.4m^3/h，增长效果显著。从变化的幅度看，J_1 取值 2.0～4.0m 之间，L_{20} 增幅相对较小，J_1 每增加 1.0m，L_{20} 增加 17484.3m^3/h；J_1 取值 4.0～10.0m 之间，L_{20} 增幅相对较大，J_1 每增加 1.0m，L_{20} 增加 38215.0m^3/h。

（3）井道腔体的通风效率分析

V_{20} 代表了腔体截面的平均风速，反映了单位截面面积、单位时间的腔体通风量，即腔体的通风效率；L_{20} 代表单位时间内通过腔体的风的总量，反映了腔体总体的通风能力。对比 V_{20}、L_{20} 拟合曲线可以看出，随着腔体边长的增大，通风能力显著变大，但通风效率有所降低。举例来讲，J_1 取 2.0m、10.0m 时，腔体截面面积分别为 4m^2、100m^2，截面面积增长 25 倍，但通风量由 16974.7m^3/h 增长至 281233.4m^3/h，通风量增长 16.57 倍，截面尺度的增加对井道腔体通风量的贡献率有所下降。

（4）大空间平均空气龄分析

从 $K_{1.5}$ 和 K_{XZ} 拟合曲线趋势看，随着 J_1 在 2～10m 取值范围内的增大，空气龄曲线均呈现持续下降趋势。$K_{1.5}$ 由 1295.3s 降至 1062.8s，J_1 每增加 1.0m，$K_{1.5}$ 下降 29.1s；K_{XZ} 由 1475.9s 降至 1248.6s，J_1 每增加 1.0m，K_{XZ} 下降 28.4s。

（5）大空间空气龄、风速云图分析

从大空间 1.5m 高度空气龄、风速的分布云图可以看出，二者分布规律和变化趋势基本一致。沿 45° 风矢量向方向呈轴向对称分布，中轴部分因空间进深大，通风受阻较大，通风效果较差，且迎风向角部通风效果最差，之后沿轴向渐次改善，中轴两侧的大空间角部通风相对较顺畅。

从分布云图的变化比较看，随着井道腔体截面 J_1 的增大，中轴部分空气龄明显降低。尤其是腔体上风向区域，1500s 以上空气龄区域明显收缩，下风向角部区域 1100s 以下空气龄区域明显扩大，在中轴两侧角部区域空气龄保持稳定的情况下，大空间整体空气龄明显改善。中轴部分风速有所升高，中轴两侧区域的变化较小，大空间整体风速有所改善，但不明显。

从 XZ 剖面空气龄分布云图可以看出，井道腔体的影响较显著，大空间的空气龄持续降低。随着 J_1 的增大，大空间总体上空气龄下降，平均空气龄由 1475.9s 降至 1248.6s，降低 15%。腔体迎风侧空气龄下降尤为突出，最高空气龄由 1950s 降至 1650s，自然通风效果显著。

（6）井道腔体截面设计的建议

在实际大空间内井道腔体设计中，一般由建筑师按照空间需要，初步选定腔体的平面尺度范围，并按上限考虑以增大通风量。在可能的情况下，按照截面面积总和相等原则，一个腔体拆分为多个腔体后，通风量会增大，有利于自然通风。

（7）腔体截面边长与开口宽度的通风关联分析

本模拟实验中，随着 J_1 的变大，上部开口宽度、腔体下部开口宽度同步等比例变大。为了排除上、下开口宽度的影响，补充一组实验：上下开口宽度均取定值 3.0m，其他变量实验同上。J_1 取值 2.0 ~ 10.0m，对应输出 V_{20}、L_{20} 实验结果，拟合曲线见图 3-7。

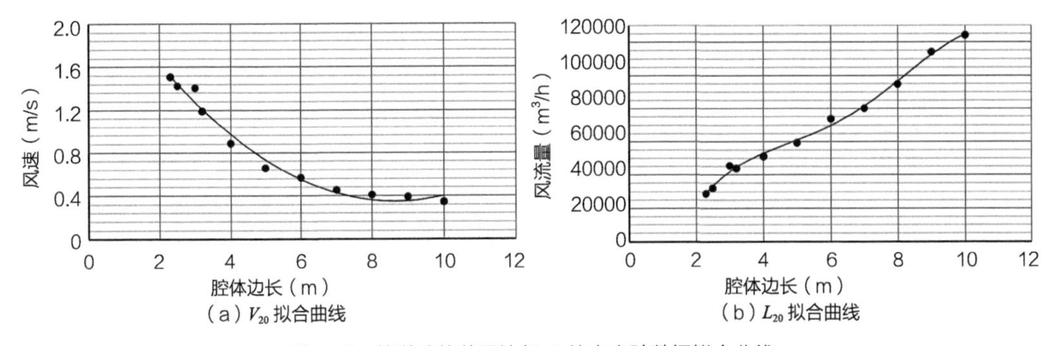

图 3-7　井道腔体截面边长 J_1 补充实验数据拟合曲线

由图可见，在腔体上下开口不变的情况下，随着腔体截面的增长，腔体内平均风速由 1.51m/s 逐渐下降至 0.34m/s，风流量由 28746.5m^3/h 持续上升为 124302.6m^3/h，腔体通风性能明显提高。

3.2.2　井道高度 J_2 模拟与分析

井道腔体高度变量 J_2 取值数量 9 个，取值范围 22.0 ~ 30.0m，变量间隔 1.0m，依次输入基础实验模型。其他变量 J_1、J_3、J_4、J_5、J_6、J_7、J_8 取基准值。依次输出腔体屋面标高处风流量 L_{20} 数据、大空间 1.5m 高度平均空气龄 $K_{1.5}$、XZ 剖面平均空气龄 K_{XZ} 数据（图 3-8），大空间 1.5m 高度的空气龄和风速、XZ 剖面空气龄的分布云图（表 3-6）。由于井道腔体截面尺寸 3.0m 保持不变，屋面标高处风流量 L_{20} 与平均风速 V_{20} 之间为单一线性关系，即 $L_{20}=3.0^2 \cdot V_{20} \cdot 3600$，因此仅输出风流量数据并进行拟合分析。

模拟实验分析如下：

（1）井道腔体的风流量 L_{20} 分析

从井道腔体屋面标高的风流量 L_{20} 拟合曲线趋势看，随着 J_2 在 22.0 ~ 30.0m 之间逐渐变高，风流量 L_{20} 显著增大后趋平，小幅波动，不再升高。J_2 取值在 22.0 ~ 24.0m 之间时，

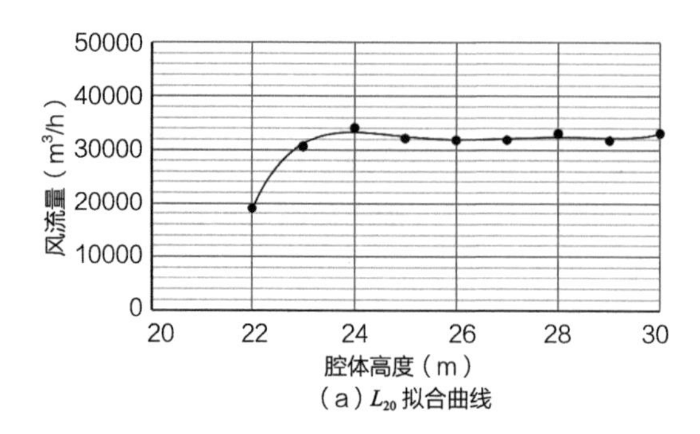

（a）L_{20} 拟合曲线

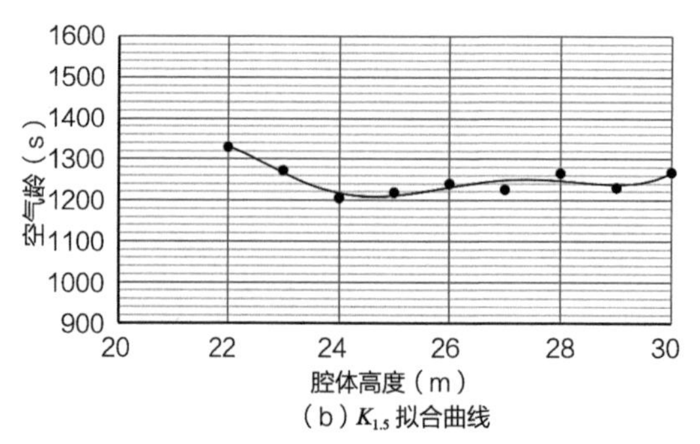

（b）$K_{1.5}$ 拟合曲线

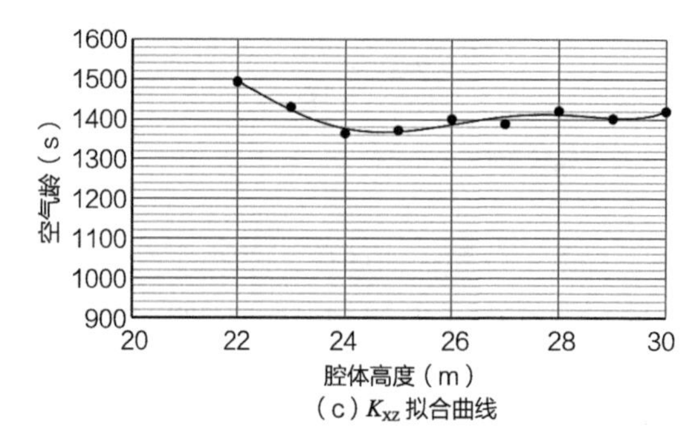

（c）K_{XZ} 拟合曲线

图 3-8 井道腔体高度变量 J_2 实验数据拟合曲线

风流量由 19069.5m³/h 上升为 34097.4m³/h；J_2 在 24.0 ~ 30.0m 之间时，风流量 L_{20} 趋平，小幅波动，幅度在 31836.9 ~ 33155.2m³/h 之间，波幅在 7.5% 以内，几乎可忽略不计。

（2）井道腔体的通风效率分析

一般而言，腔体上部开口的高度决定了其上下部之间的热压、风压差，对通风能力影响较大。本模拟实验进一步证明，在腔体上部开口不变的情况下，适度提高腔体的内腔高度，也可较大幅度地提高风流量，提升幅度近 80%，可有效利用。

（3）大空间平均空气龄分析

大空间 1.5m 高度平均空气龄，$K_{1.5}$ 在 J_2 取值 22.0 ~ 24.0m 之间显著下降，由 1329.5s 下降至 1205.1s，J_2 每增加 1.0m 空气龄降低 62.2s。在 J_2 取值 24.0 ~ 28.0m 之间小幅提升后呈小幅波动状态，波动幅度在 49.5s 之内，可忽略不计。

大空间 XZ 剖面平均空气龄，K_{XZ} 在 J_2 取值 22.0 ~ 24.0m 之间显著下降，由 1494.0s 下降至 1364.7s，J_2 每增加 1.0m 空气龄降低 64.7s。在 J_2 取值 24.0 ~ 28.0m 之间小幅提升后呈小幅波动状态，波动幅度在 56.2s 之内，可忽略不计。

（4）大空间空气龄、风速云图分析

从大空间 1.5m 高度空气龄、风速云图可以看出，二者的分布特征基本一致，且与腔体截面变量 J_1 的作用相似。沿 45° 风矢量方向对称分布，中部通风效果差，两侧渐好。随着腔体高度的增大，在 J_2 取值 22.0 ~ 24.0m 之间，井道迎风侧空气龄高于 1400s 区域明显变小，背风侧空气龄低于 1200s 区域明显增大；轴线上风速低于 0.2m/s 区域变小，0.4 ~ 0.5m/s 风速区域有效增大。J_2 取值 24.0m 以上之后，空气龄和风速云图的阶梯分布仍会出现变化，但各阶梯覆盖面积区别不大。

从 XZ 轴向剖面空气龄云图可以看出，J_2 取值 22.0 ~ 24.0m 之间时，井道上风侧 1400s 以上高空气龄区域明显变薄，水平向逐渐远离腔体位置；下风侧空气龄也出现 1 ~ 2

井道腔体高度变量 J_2 实验数据分布云图　　表 3-6

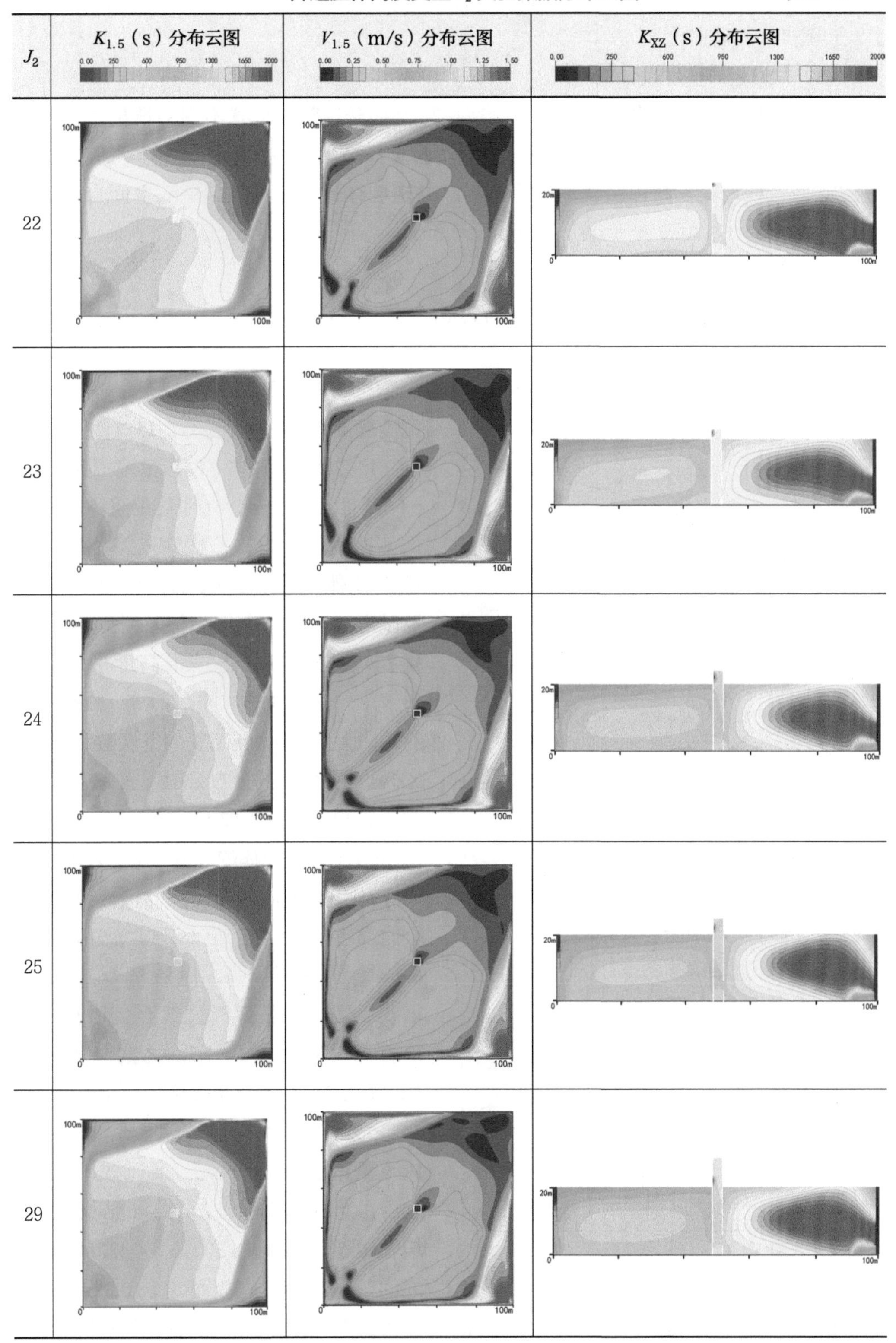

阶梯的降低，普遍降低 100～200s，说明了这一区段 J_2 增高的积极意义。J_2 取值 25.0m 以上，云图少许波动变化。

（5）井道腔体高度设计的建议

在实际大空间建筑的腔体设计中，在保持上部开口竖向位置不变的情况下，可适度提高腔体的高度至 3.0～5.0m，通过模拟实验选择最优的高度取值，可实现腔体通风量 80% 左右的增长。超出最优高度取值后，井道腔体进一步的提高对大空间自然通风无意义。

3.2.3 井道上部开口宽度 J_3 模拟与分析

井道腔体上部开口宽度变量，用开口宽度与腔体对应边长的比值来表示，上部开口宽度缩放系数 J_3 取值数量 15 个，取值范围 0.1～2.0，即开口宽度取值范围为 0.3～6.0m，取值 3.0m 以上时是在腔体截面背风侧两边设开口，依次输入基础实验模型。其他变量 J_1、J_2、J_4、J_5、J_6、J_7、J_8 取基准值。依次输出腔体屋面标高处风流量 L_{20} 数据、大空间 1.5m 高度平均空气龄 $K_{1.5}$、XZ 剖面平均空气龄 K_{XZ} 数据（图 3-9），大空间 1.5m 高度的空气龄和风速、XZ 剖面空气龄的分布云图（表 3-7）。

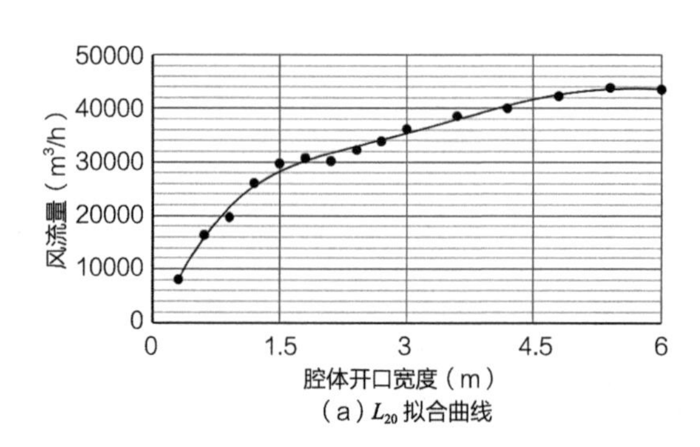

（a）L_{20} 拟合曲线

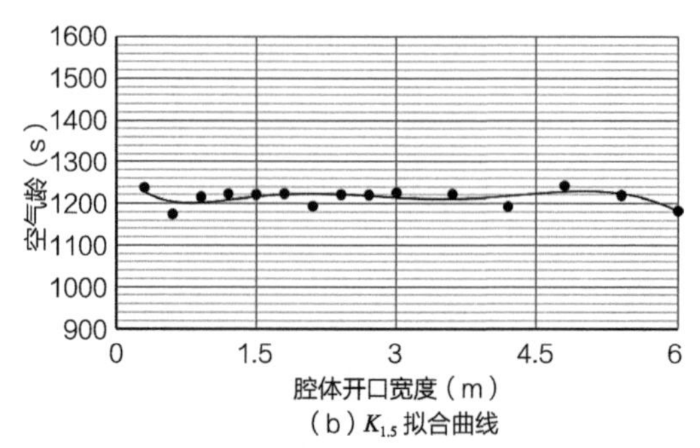

（b）$K_{1.5}$ 拟合曲线

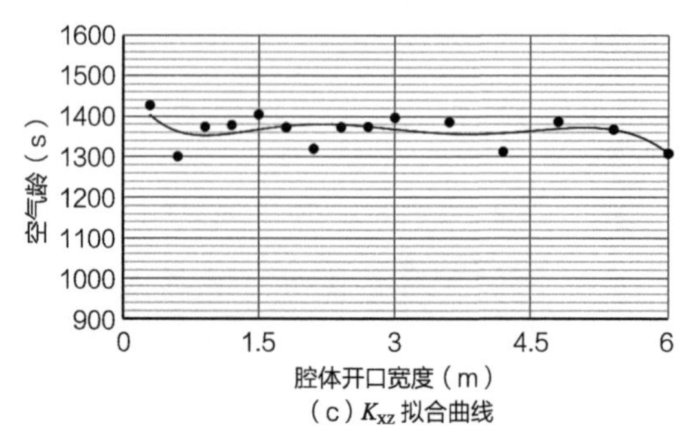

（c）K_{XZ} 拟合曲线

图 3-9　井道腔体上部开口宽度 J_3 实验数据拟合曲线

模拟实验分析如下：

（1）井道腔体的风流量 L_{20} 分析

从井道腔体屋面标高的风流量 L_{20} 拟合曲线趋势看，随着上部开口宽度在 0.3～6.0m 之间逐渐变高，风流量 L_{20} 由快速增长、缓速增长逐渐过渡至负增长。上部开口宽度在 0.3～1.5m 之间，风流量 L_{20} 增长较迅速，由 8082.9m³/h 增大至 29736.2m³/h，上部开口宽度每增长 0.3m，风流量增长 5413.3m³/h，通风效率较高；之后，上部开口宽度在 1.8～4.8m 之间 L_{20} 增长放缓，幅度在 30736.8～42280.7m³/h 之间，上部开口宽度每增长 0.3m，风流量增长 1154.4m³/h，通风效率提升仅为前

井道腔体上部开口宽度 J_3 实验数据分布云图　　表 3-7

J_3	$K_{1.5}$（s）分布云图	$V_{1.5}$（m/s）分布云图	K_{XZ}（s）分布云图
0.3			
1.5			
2.7			
4.2			
6.0			

段的 1/5；上部开口宽度在 5.4 ~ 6.0m 之间，风流量出现下降。

（2）大空间平均空气龄分析

随着 J_3 在取值范围内的增大，大空间 1.5m 高度平均空气龄 $K_{1.5}$ 整体趋平，在 1174.5 ~ 1241.6s 之间小幅波动，无明显规律。XZ 剖面空气龄曲线呈现小幅下降、小幅波动趋平、小幅下降三段特征，幅度在 1300.9 ~ 1427.0s 之间，整体变化不明显。

（3）大空间空气龄、风速云图分析

从大空间 1.5m 高度空气龄云图和风速云图、XZ 剖面空气龄云图可以看出，随着 J_3 取值的增大，大空间空气龄、风速的数值、分布区域和面积的变化较弱。

（4）井道腔体上部开口宽度设计的建议

在本模拟实验中，井道腔体风流量 L_{20} 持续增长，平均空气龄、平均风速均在上部开口宽度取值 5.4m 时出现最优值。两方面相互印证表明，在上开口宽度为 5.4m、高度为 2.0m，开口面积 10.8m² 时，与腔体截面面积接近，是腔体上部开口宽度的优选。

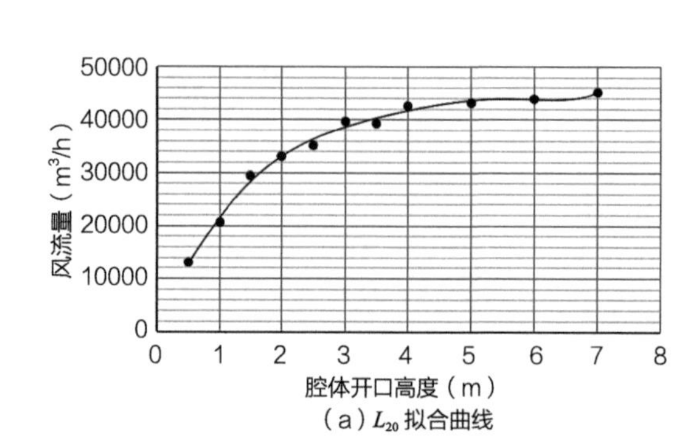

（a）L_{20} 拟合曲线

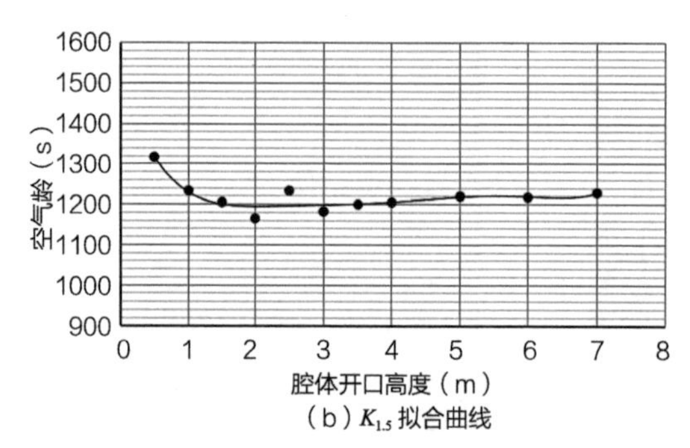

（b）$K_{1.5}$ 拟合曲线

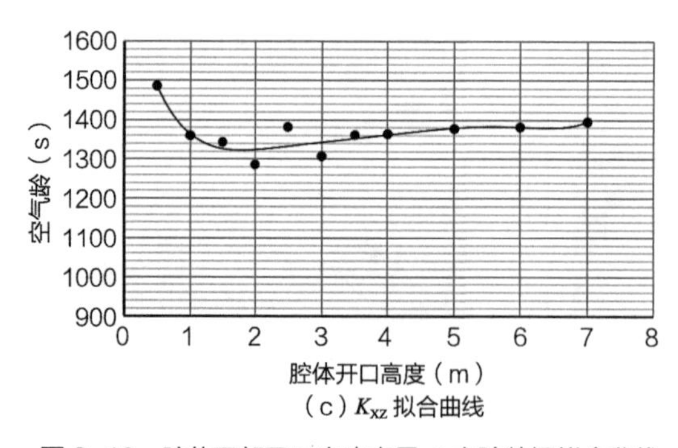

（c）K_{XZ} 拟合曲线

图 3-10　腔体下部开口高度变量 J_4 实验数据拟合曲线

3.2.4　井道上部开口高度 J_4 模拟与分析

井道腔体上部开口高度变量 J_4 取值数量 11 个，取值范围 0.5 ~ 7.0m，变量间隔 0.5m，依次输入基础实验模型。J_2 取 28m，其他变量 J_1、J_3、J_5、J_6、J_7、J_8 取基准值。依次输出腔体屋面标高处风流量 L_{20} 数据、大空间 1.5m 高度平均空气龄 $K_{1.5}$、XZ 剖面平均空气龄 K_{XZ} 数据（图 3-10），大空间 1.5m 高度的空气龄和风速、XZ 剖面空气龄的分布云图（表 3-8）。

模拟实验分析如下：

（1）井道腔体的风流量 L_{20} 分析

从井道腔体屋面标高的风流量 L_{20} 拟合曲线趋势看，随着 J_4 在 0.5 ~ 7.0m 之间逐渐变高，风流量 L_{20} 由快速增长逐渐过渡至缓速增长。J_4 在 0.5 ~

腔体下部开口高度变量 J_4 实验数据分布云图　　表3-8

J_4	$K_{1.5}$（s）分布云图 0.00 250 600 950 1300 1650 2000	$V_{1.5}$（m/s）分布云图 0.00 0.25 0.50 0.75 1.00 1.25 1.50	K_{XZ}（s）分布云图 0.00 250 600 950 1300 1650 2000
0.5			
1.0			
1.5			
2.0			
3.0			
4.0			

续表

J_4	$K_{1.5}$（s）分布云图	$V_{1.5}$（m/s）分布云图	K_{XZ}（s）分布云图
6.0	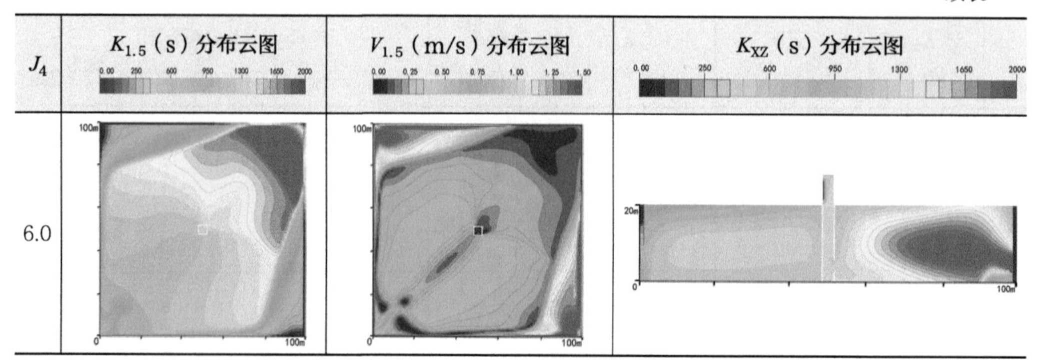		

4.0m 之间，风流量 L_{20} 由 13120.7m³/h 增大至 42601.1m³/h，J_4 每增高 0.5m，风流量增加 4211.5m³/h，增速较快。J_4 在 4.0 ~ 7.0m 之间，风流量 L_{20} 由 42601.1m³/h 增大至 45176.3m³/h，J_4 每增高 0.5m，风流量增加 429.2m³/h，仅为上一区段的 1/10，增速明显放缓。

（2）大空间平均空气龄分析

随着 J_4 在 0.5 ~ 7.0m 取值范围内的增大，大空间 1.5m 高度平均空气龄 $K_{1.5}$ 明显下降后趋平，小幅波动，规律不明显；XZ 剖面平均空气龄 K_{XZ} 明显下降后小幅持续上升。J_4 在 0.5 ~ 2.0m 之间，$K_{1.5}$ 由 1317.3s 下降至 1165.4s，J_4 每增高 0.5m，$K_{1.5}$ 降低 50.6s；K_{XZ} 由 1486.3s 下降至 1286.1s，J_4 每增高 0.5m，K_{XZ} 降低 66.7 s；J_4 在 2.0 ~ 7.0m 之间，$K_{1.5}$ 波幅仅 109.5s，K_{XZ} 波幅仅 51.1s，J_4 的作用微弱。

（3）大空间空气龄、风速云图分析

从大空间 1.5m 高度空气龄、风速云图可以看出，J_4 对二者的影响基本一致，空气龄总体趋于降低，风速总体趋于增高。分区段来看，J_4 在 0.5 ~ 2.0m 之间时，1700s 以上空气龄覆盖区域明显减少，1300s 以下空气龄覆盖区域明显扩大，0.5m/s 以上风速区域面积逐步增大，0.3m/s 风速区域逐渐收缩；J_4 在 2.0 ~ 7.0m 之间时，这种变化趋势不再显著，会出现高低空气龄、高低风速区域同时增大的情形，J_4 对大空间的影响变弱。

（4）井道腔体上部开口高度的设计建议

综合拟合数据和云图分析结果，风流量 L_{20} 在 J_4 取值 4.0m 以下增长迅速，空气龄 $K_{1.5}$、K_{XZ} 在 J_4 取值 2.0m 以上显著降低，空气龄和风速分布云图在 J_4 取值 2.0m 以上明显改善，井道腔体上部开口高度 J_4 取值 2.0 ~ 4.0m 为优选区间。

3.2.5 井道上部开口距屋面高度 J_5 模拟与分析

井道腔体上部开口距屋面高度变量 J_5 取值数量 6 个，取值范围 0.5 ~ 3.0m，变量间隔 0.5m，依次输入基础实验模型。其他变量 J_1、J_2、J_3、J_4、J_6、J_7、J_8 取基准值。依次输出腔体屋面标高处风流量 L_{20} 数据、大空间 1.5m 高度平均空气龄 $K_{1.5}$、XZ 剖面平均空气龄 K_{XZ} 数据（图 3-11），大空间 1.5m 高度的空气龄和风速、XZ 剖面空气龄的分布云图（表 3-9）。

模拟实验分析如下：

（1）井道腔体的风流量 L_{20} 分析

从井道腔体屋面标高的风流量 L_{20} 拟合曲线趋势看，随着 J_5 在 0.5～3.0m 之间逐渐变高，风流量 L_{20} 持续降低。由 33628.0m³/h 降至 30070.0m³/h，降幅较小。模拟实验表明，在腔体其他变量不变的情况下，仅仅通过提升上部开口距屋面的高度，不仅无法提高腔体的通风能力，反而出现下降的趋势。

（2）大空间平均空气龄分析

随着 J_5 在 0.5～3.0m 取值范围内的增大，大空间 1.5m 高度平均空气龄 $K_{1.5}$ 小幅下降后持续小幅提升，幅度在 1214.6～1310.0s 之间，最低值出现在 J_5 取值 1.5m 时。XZ 剖面空气龄 K_{XZ} 小幅下降后小幅提升、趋平，幅度在 1372.4～1417.4s 之间，最低值出现在 J_5 取值 1.0m 时。模拟实验表明，井道腔体上部开口距屋面高度的提高对大空间的自然通风作用微弱。

风流量（m³/h）
腔体开口高度（m）
（a）L_{20} 拟合曲线

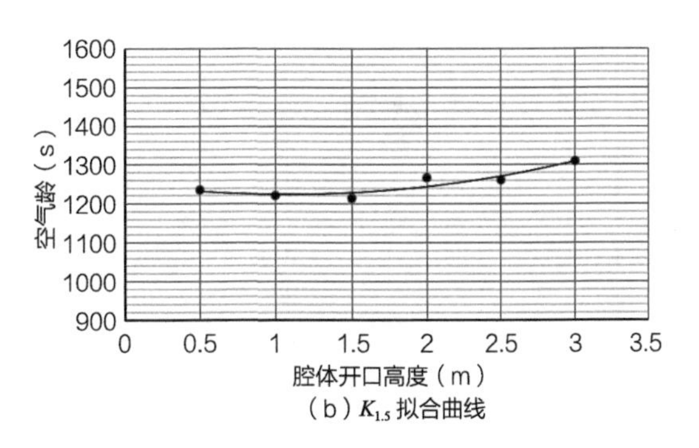

（b）$K_{1.5}$ 拟合曲线

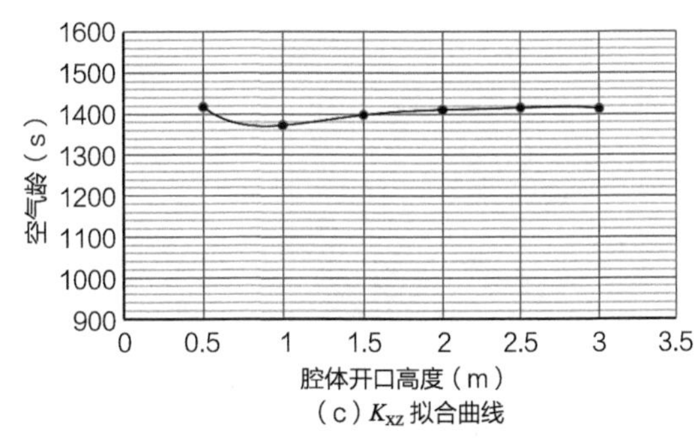

（c）K_{XZ} 拟合曲线

图 3-11　腔体上部开口距屋面高度变量 J_5 实验数据拟合曲线

（3）大空间空气龄、风速云图分析

从大空间 1.5m 高度空气龄、风速云图可以看出，J_5 对二者的影响均较弱。空气龄云图中，中部区域的空气龄阶梯一直处于 1100～1950s 之间，没有整体提高或降低的现象。高空气龄覆盖区域的小范围扩大或缩小，与低空气龄区域的小范围缩小与扩大，相互消解，大空间整体上空气龄、风速处于稳定状态，仅仅是局部的小区域扰动而已。XZ 剖面空气龄云图中，井道上风侧、下风侧主要区域的最高、最低空气龄数值和分布范围，变化也较小。

（4）井道腔体上部开口距屋面高度的设计建议

参照本模拟实验的变量设置方式，在实际大空间建筑的腔体设计中，上部开口应贴近屋面设置，不应机械地理解为上部开口越高越有利于自然通风。

腔体上部开口距屋面高度变量 J_5 实验数据分布云图　　表 3-9

J_5	$K_{1.5}$（s）分布云图  0.00 250 600 950 1300 1650 2000	$V_{1.5}$（m/s）分布云图  0.00 0.25 0.50 0.75 1.00 1.25 1.50	K_{XZ}（s）分布云图  0.00 250 600 950 1300 1650 2000
0.5	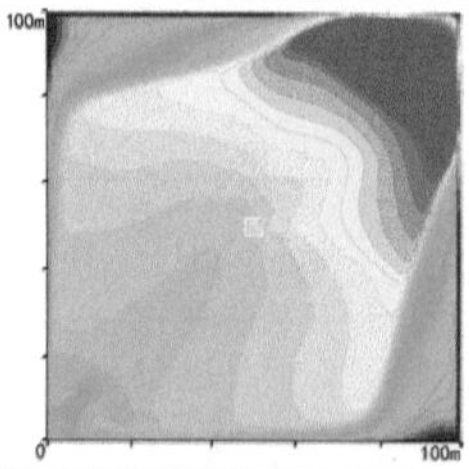	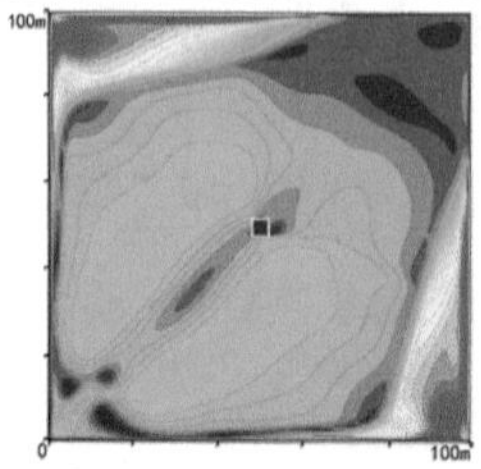	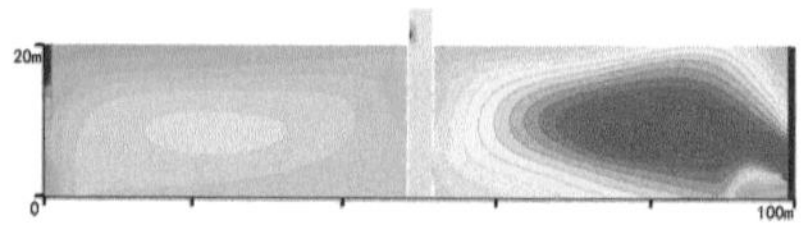
1.0	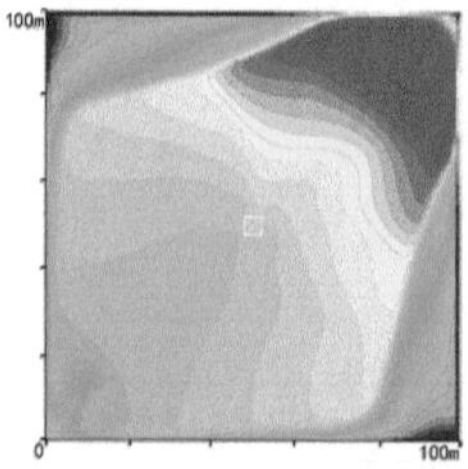	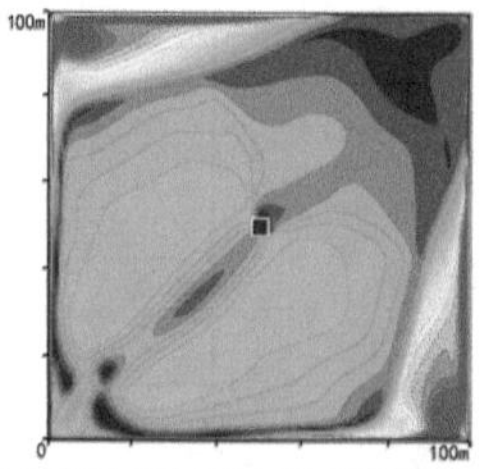	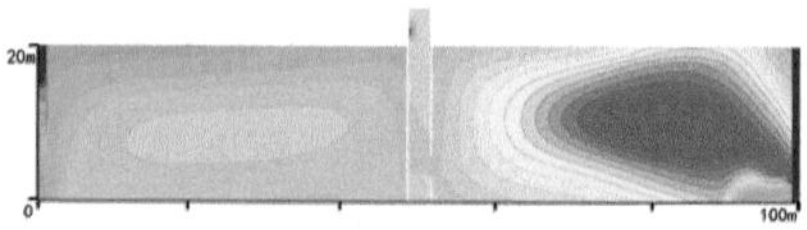
1.5	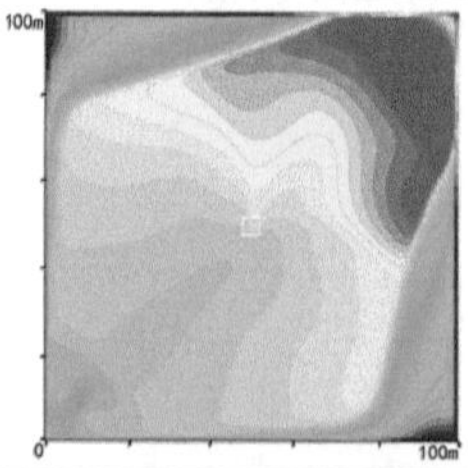	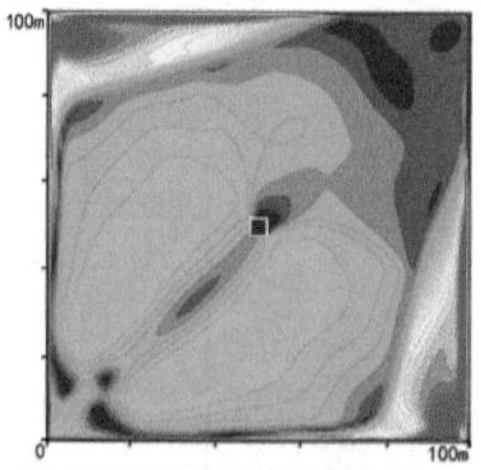	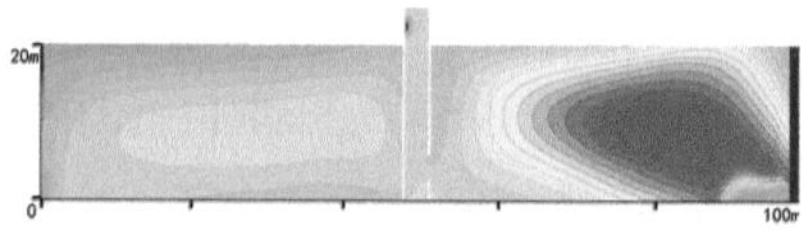
2.0	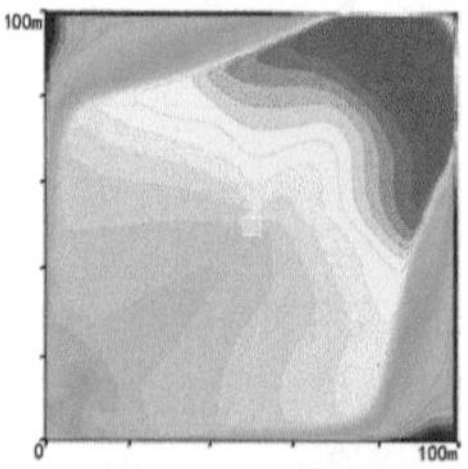	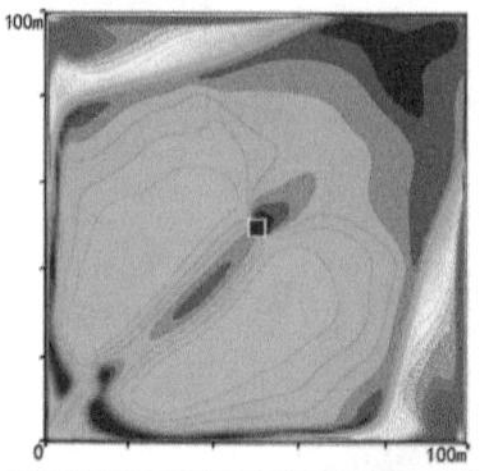	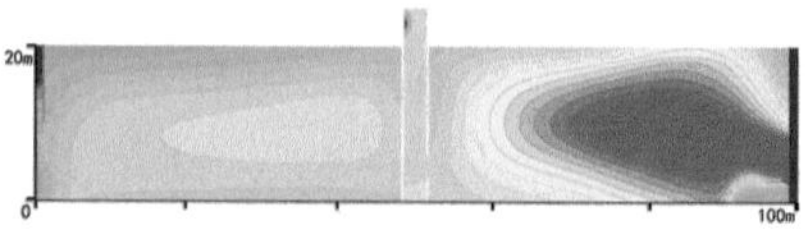
2.5	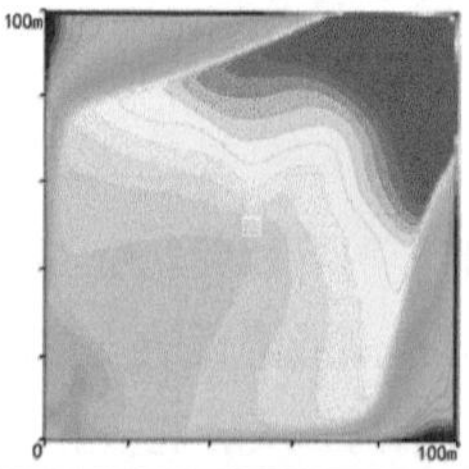	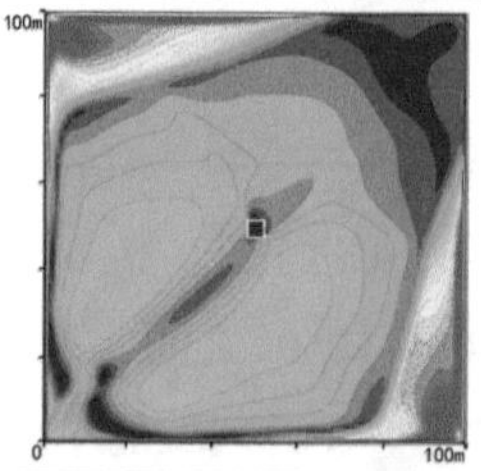	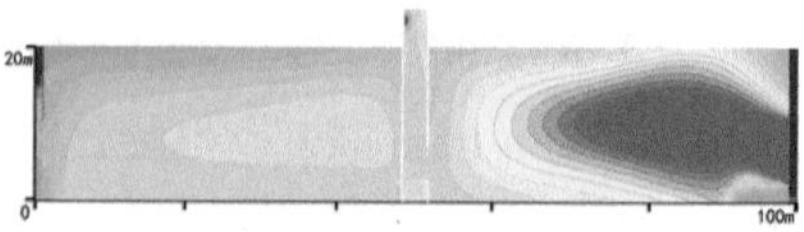
3.0	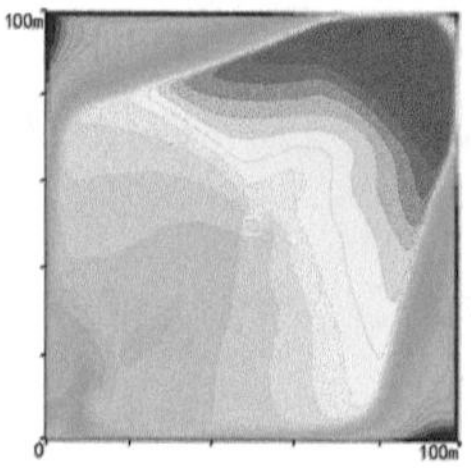	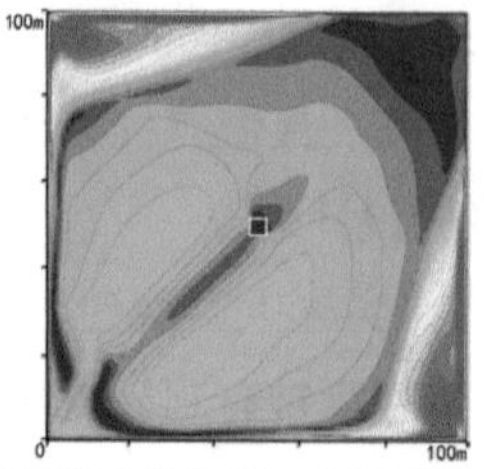	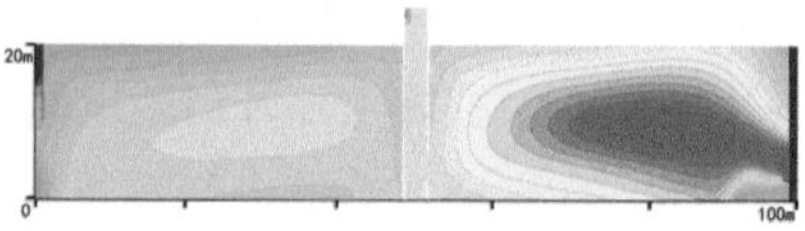

3.2.6　井道下部开口宽度 J_6 模拟与分析

井道腔体下部开口宽度缩放系数 J_6 取值数量 20 个，取值范围 0.1 ~ 2.0，即下部开口宽度范围为 0.3 ~ 6.0m，变量间隔 0.3m，J_6 取值 3.0m 以上时是在腔体截面迎风侧两边设开口，依次输入基础实验模型。其他变量 J_1、J_2、J_3、J_4、J_5、J_7、J_8 取基准值。依次输出腔体屋面标高处风流量 L_{20} 数据、大空间 1.5m 高度平均空气龄 $K_{1.5}$、XZ 剖面平均空气龄 K_{XZ} 数据（图 3-12），大空间 1.5m 高度的空气龄和风速、XZ 剖面空气龄的分布云图（表 3-10）。

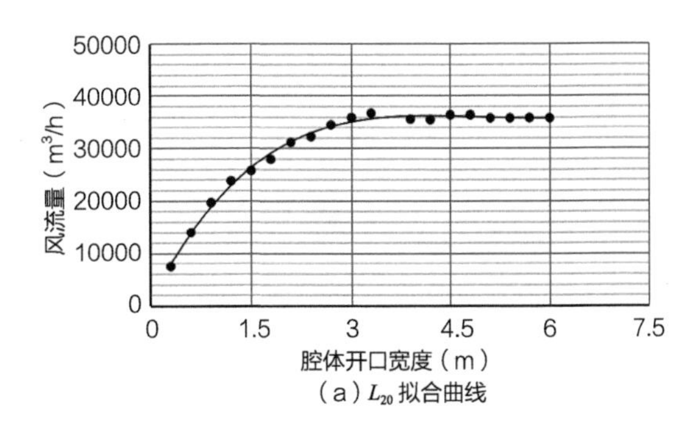

（a）L_{20} 拟合曲线

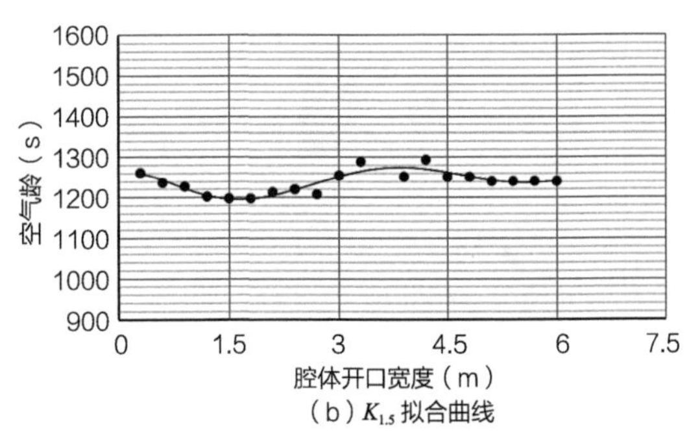

（b）$K_{1.5}$ 拟合曲线

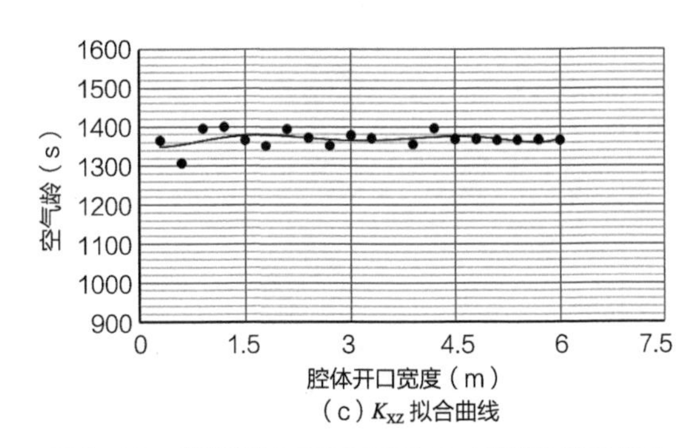

（c）K_{XZ} 拟合曲线

图 3-12　井道腔体下部开口宽度 J_6 实验数据拟合曲线

模拟实验分析如下：

（1）井道腔体的风流量 L_{20} 分析

从井道腔体屋面标高的风流量 L_{20} 拟合曲线趋势看，随着下部开口宽度取值在 0.3 ~ 6.0m 之间逐渐变宽，风流量 L_{20} 呈现迅速升高后趋平的趋势，由 7541.9m³/h 上升为 35921.2m³/h，下部开口宽度每增长 0.3m，风流量增长 3153.3m³/h，风流量提升效率高；下部开口宽度取值在 3.0 ~ 6.0m 之间，风流量 L_{20} 趋于平稳，局部小幅波动，幅度在 35832.5 ~ 36754.6m³/h 之间，风流量变化微弱。

（2）大空间平均空气龄分析

随着 J_6 在取值范围内的增大，大空间 1.5m 高度平均空气龄 $K_{1.5}$ 呈现下降、上升、再下降的波动状态，波动范围在 1198.3 ~ 1294.1s 之间，幅度为 95.8s。XZ 剖面空气龄曲线呈现小幅波动状态，幅度在 1307.4 ~ 1400.0s 之间，整体变化微弱。

（3）大空间空气龄、风速云图分析

从大空间 1.5m 高度空气龄云图、风速云图看，大空间整体上呈现较稳定状态，局部区域的空气龄、风速出现小幅度的波动，中部主要区域的空气龄稳定在 900 ~ 2000s 之间、风速稳定在 0.45m/s 以下，平均值变化不明显。从选取的 5 个代表性风速、空气龄云图看，

井道腔体下部开口宽度 J_6 实验数据分布云图 表 3-10

J_6	$K_{1.5}$（s）分布云图 0.00 250 600 950 1300 1650 2000	$V_{1.5}$（m/s）分布云图 0.00 0.25 0.50 0.75 1.00 1.25 1.50	K_{XZ}（s）分布云图 0.00 250 600 950 1300 1650 2000
0.3			
1.8			
3.3			
4.8			
6.0			

下部开口宽度取值 1.8m 时最优，取值 3.3m 时最差，其他取值时空气龄、风速数值和分布居中间状态。从 XZ 轴的空气龄云图看，下部开口宽度取值 0.3m、1.8m、3.3m、4.8m、6.0m 时，多出现一侧风速提高和空气龄降低、另一侧风速降低和空气龄升高的情况，总体平均值变化不大。

（4）井道腔体下部开口宽度的设计建议

在本模拟实验中，腔体风流量 L_{20} 呈现单向增长至上限的状态。上限出现在 J_6 取值 1.0，即下部开口宽度为 3.0m 时，下部开口面积为 $9m^2$，与腔体水平截面面积接近，是考虑腔体通风能力的优选。J_6 取值为 0.5，即下部开口宽度为 1.5m 时，$K_{1.5}$ 数值最低，是考虑大空间自然通风效果的优选。

3.2.7　井道下部开口高度 J_7 模拟与分析

井道腔体下部开口高度变量 J_7 取值数量 15 个，取值范围 0.5 ~ 10.0m，变量间隔 0.5 ~ 1.0m，依次输入基础实验模型。其他变量 J_1、J_2、J_3、J_4、J_5、J_6、J_8 取基准值。依次输出腔体屋面标高处风流量 L_{20} 数据、大空间 1.5m 高度平均空气龄 $K_{1.5}$、XZ 剖面平均空气龄 K_{XZ} 数据（图 3-13），大空间 1.5m 高度的空气龄和风速、XZ 剖面空气龄的分布云图（表 3-11）。

模拟实验分析如下：

（1）井道腔体的风流量 L_{20} 分析

从井道腔体屋面标高的风流量 L_{20} 拟合曲线趋势看，随着 J_7 在取值范围 0.5 ~ 10.0m 之间逐渐变高，风流量 L_{20} 总体上呈现先迅速提升、后趋平的特征。J_7 取值在 0.5 ~ 3.5m 之间时，风流量 L_{20} 明显增大，由 $13582.4m^3/h$ 上升为 $33739.4m^3/h$；J_7 每增高 0.5m，风流量 L_{20} 平均提高 $3359.5m^3/h$，通风效率较高。J_7 取值在 3.5 ~ 10.0m 之间时，风流量 L_{20} 趋平略微上涨，局部小幅波动，幅度在 33739.4 ~ $35634.2m^3/h$ 之间；J_7

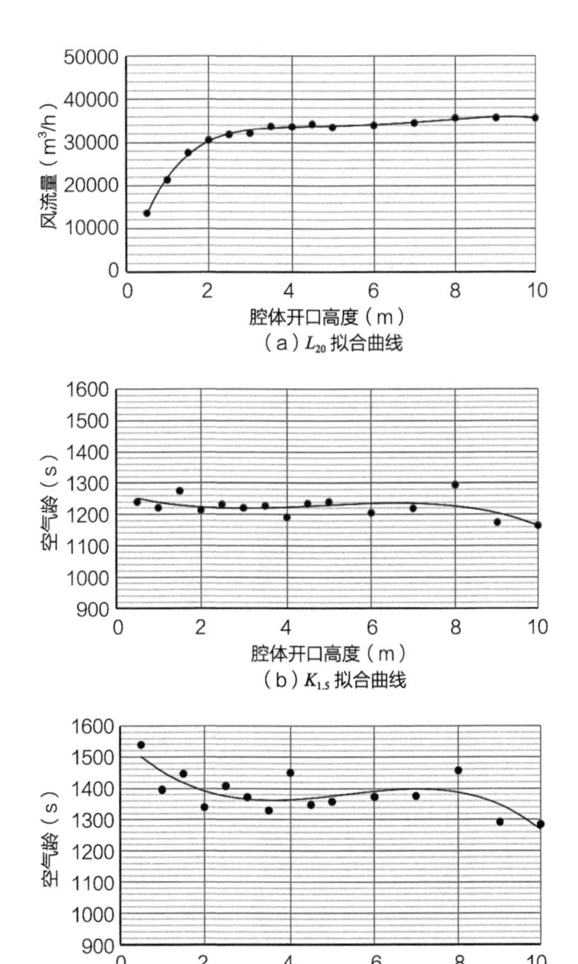

（a）L_{20} 拟合曲线

（b）$K_{1.5}$ 拟合曲线

（c）K_{XZ} 拟合曲线

图 3-13　腔体室内开口高度变量 J_7 实验数据拟合曲线

腔体室内开口高度变量 J_7 实验数据分布云图　　表 3-11

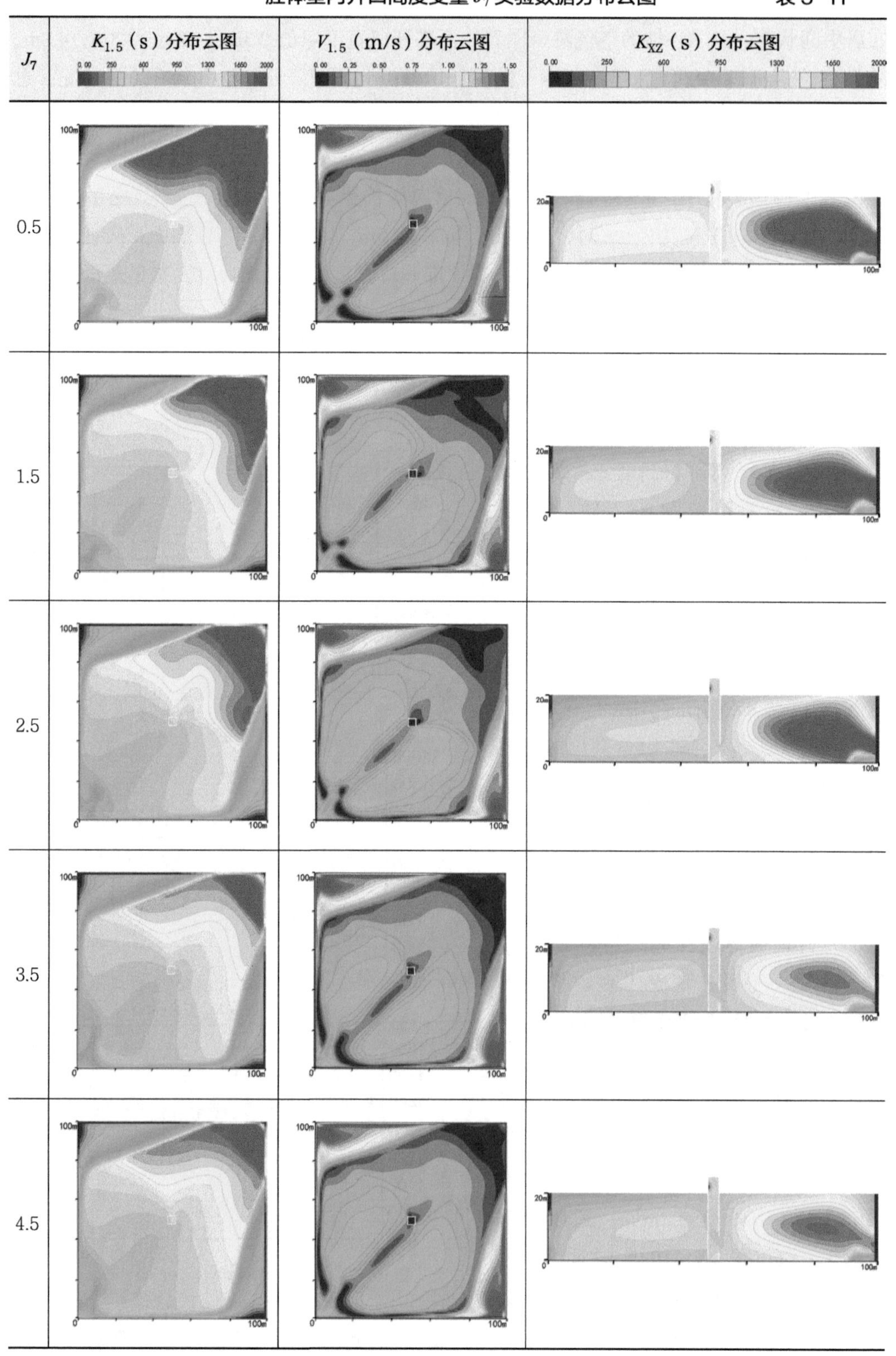

续表

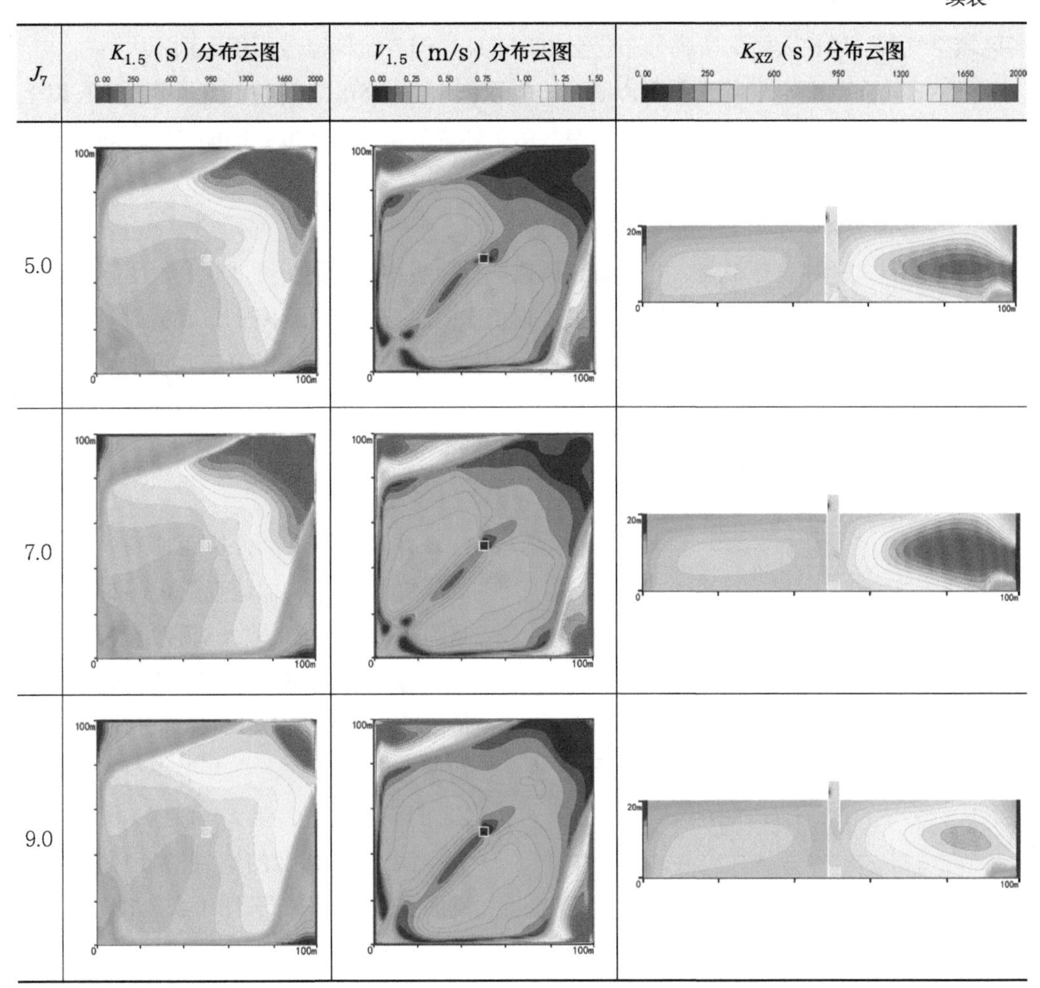

取值每增高 0.5m，风流量 L_{20} 平均提高 145.8m^3/h，通风效率提升仅为前段的 1/23，可忽略不计。

（2）大空间平均空气龄分析

随着 J_7 在 0.5～10.0m 取值范围内的增大，大空间 1.5m 高度平均空气龄 $K_{1.5}$ 呈现局部小幅波动、整体小幅下降的趋势。波动范围在 1163.7～1294.0s 之间，幅度仅 130.3s，说明 J_7 对 $K_{1.5}$ 影响较弱。XZ 剖面空气龄曲线呈现整体下降、局部小幅波动状态，幅度在 1285.1～1539.5s 之间，幅度仅 254.4s，J_7 对 K_{XZ} 影响有所提升。

（3）大空间空气龄、风速云图分析

从大空间 1.5m 高度空气龄、风速云图可以看出，二者的分布特征基本一致，且与腔体截面变量 J_1、腔体高度变量 J_2 的作用相似。随着腔体下部开口高度 J_7 的增高，在 0.5～3.5m 范围内，上风向 1500s 以上空气龄区域、0.3m/s 以下风速区域明显收缩，下风向 1000s 以下空气龄区域、0.5～0.6m/s 风速区域明显增大。在 J_7 取值 3.5～10.0m 之间，各区域空气龄、风速云图的阶梯分布仍会出现变化，但各阶梯覆盖面积区别不大。

从 XZ 轴向剖面空气龄云图可以看出，J_7 取值 0.5～3.5m 之间时，上风侧 1500s 以上高空气龄区域明显变薄、变窄，下风侧空气龄整体降低幅度在 100～200s 之间，表明了这一区段 J_7 增高的积极意义。

（4）井道腔体下部开口高度的设计建议

在本模拟实验中，风流量、空气龄、风速拟合曲线均出现转折性变化，说明下部开口高度 J_7 取值存在上限，并非越高越好。在 J_7 取值 3.5～4.5m 之间，下部开口的面积为 8.4～10.8m² 之间时，即下部开口面积与腔体截面面积接近时，是腔体下部开口高度的优选。

3.2.8 井道下部开口距地高度 J_8 模拟与分析

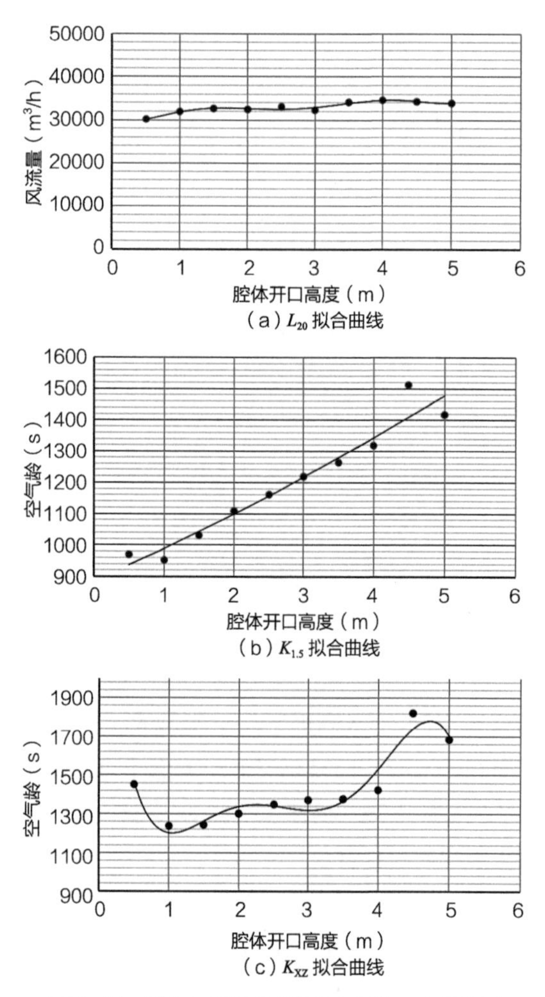

图 3-14 腔体下部开口距地高度变量 J_8 实验数据拟合曲线

井道腔体下部开口距地高度变量 J_8 取值数量 10 个，取值范围 0.5～5.0m，变量间隔 0.5m，依次输入基础实验模型。其他变量 J_1、J_2、J_3、J_4、J_5、J_6、J_7 取基准值。依次输出腔体屋面标高处风流量 L_{20} 数据、大空间 1.5m 高度平均空气龄 $K_{1.5}$、XZ 剖面平均空气龄 K_{XZ} 数据（图 3-14），大空间 1.5m 高度的空气龄和风速、XZ 剖面空气龄的分布云图（表 3-12）。

模拟实验分析如下：

（1）井道腔体的风流量 L_{20} 分析

从井道腔体屋面标高的风流量 L_{20} 拟合曲线趋势看，腔体下部开口距地高度 J_8 的变化，并未影响 L_{20} 的数值，总体上呈现平稳状态，说明 J_8 基本上不影响腔体的通风能力。

（2）大空间平均空气龄分析

从 1.5m 高度平均空气龄拟合曲线趋势看，随着 J_8 的增高，$K_{1.5}$ 呈现显著增大趋势，幅度在 969.44～1417.72s 之间。最低值出现在 J_8 取值为 1.0m 时，为 952.08s；最高值出现在 J_8 取值 4.5m 时，为 1511.98s。从 XZ 轴平均空气龄

腔体下部开口距地高度变量 J_8 实验数据分布云图 表 3-12

J_8	$K_{1.5}$（s）分布云图 0.00 250 600 950 1300 1650 2000	$V_{1.5}$（m/s）分布云图 0.00 0.25 0.50 0.75 1.00 1.25 1.50	K_{XZ}（s）分布云图 0.00 250 600 950 1300 1650 2000
0.5	100m 0 100m	100m 0 100m	20m 0 100m
1.5	100m 0 100m	100m 0 100m	20m 0 100m
2.5	100m 0 100m	100m 0 100m	20m 0 100m
3.5	100m 0 100m	100m 0 100m	20m 0 100m
4.5	100m 0 100m	100m 0 100m	20m 0 100m

拟合曲线看，K_{XZ} 曲线与 $K_{1.5}$ 曲线变化规律基本一致，总体上呈现升高趋势，最低值出现在 J_8 取值 1.0m 时，最高值出现在 J_8 取值 4.5m。

（3）大空间风速、空气龄云图分析

从 $V_{1.5}$、$K_{1.5}$ 云图看，随着 J_8 由 0.5m 上升为 5.0m，总体上低风速区域变大，高空气龄区域增多。从分布上看，风向中轴线上尤其是上风向的风速明显降低，空气龄明显变大，由中轴向两侧的层级分划现象逐渐变大。从 K_{XZ} 云图看，上风向空气龄显著增大，下风向空气龄有所增大，但增大幅度不及上风向。

（4）井道腔体下部开口距地高度设计的建议

尽管腔体下部开口距地高度 J_8 不能够显著影响腔体的通风能力，风流量 L_{20} 指标基本保持不变，但是 J_8 高度的选择能够显著影响大空间内部风速、空气龄的分布状态，达到调整不同标高、不同部位风环境的目的，应积极予以利用。总体来看，J_8 取低值时，即接近地面，对大空间室内风环境的均匀度有良好影响。需要注意的是，如果选择 1.5m 作为风速、空气龄的评价指标所在高度，开口不宜落地设置，否则会受到地面的干扰反而不能够达到最优效果，在 1.0m 左右为优选方案。

3.3 中庭腔体自然通风模拟

中庭腔体的模拟实验变量分别为中庭腔体边长 Z_1、中庭腔体顶部开口面积缩放系数 Z_2、中庭腔体侧面开口高度 Z_3、中庭腔体侧面开口距地高度 Z_4，中庭腔体平面比例 Z_5，变量取值范围、个数按前文设置。在 4 个变量先行选定基准值的情况下（参见表 3-2），分别对 Z_1 ~ Z_5 自变量进行单变量模拟实验，即在其取值范围内逐一选取自变量数据输入 CFD 实验模拟平台，对应输出中庭屋面标高处风流量 L_{20}、平均风速 V_{20} 和大空间 1.5m 高度平面平均风速 $V_{1.5}$、1.5m 高度平面平均空气龄 $K_{1.5}$、XZ 轴剖面平均空气龄 K_{XZ} 等评价指标及相应云图等。对输入、输出数据组进行回归拟合分析和相关性分析，揭示中庭腔体变量与风流量、空气龄、风速之间的数值关系；对风速、空气龄云图进行可视性分布分析，探讨中庭腔体变量对自然通风效果的影响规律。

3.3.1 中庭边长 Z_1 模拟与分析

以正方形中庭为基本模型，中庭边长变量 Z_1 取值数量 12 个，取值范围 4.0 ~ 26.0m，变量间隔 2.0m，依次输入基础实验模型。中庭屋面开窗比例 Z_2 取值 0.8，与中庭腔体截面同步变化，侧面四向设置通长开口，其他变量 Z_3、Z_4、Z_5 取基准值，依次输入基础实验模型。依次输出中庭屋面标高处平均风速 V_{20} 和风流量 L_{20}、大空间 1.5m 高度平均空气龄 $K_{1.5}$ 和平均风速 $V_{1.5}$、XZ 剖面平均空气龄 K_{XZ} 的数据（图 3-15），大空间 1.5m 高度空气龄 $K_{1.5}$ 分布云图和风速 $V_{1.5}$ 分布云图、XZ 剖面空气龄 K_{XZ} 分布云图（表 3-13）。

模拟实验分析如下：

（1）中庭腔体的平均风速 V_{20} 分析

从中庭屋面标高的平均风速 V_{20} 拟合曲线趋势看，随着 Z_1 的增大，V_{20} 总体上持续下降，风速由 1.50m/s 降至 0.32m/s。从变化的幅度看，Z_1 取值较小时，风速下降速度快；Z_1 取值较大时，风速下降速度趋缓。

（2）中庭腔体的风流量 L_{20} 分析

从腔体屋面标高的风流量 L_{20} 拟合曲线趋势看，随着 Z_1 在 4.0～26.0m 取值范围内的增大，风流量 L_{20} 呈现单一的增大趋势，风流量自 86567.6m^3/h 增长为 768618.5m^3/h，增长幅度大。

（3）中庭腔体的通风效率分析

V_{20} 代表中庭截面的平均风速，反映了单位截面面积、单位时间的腔体通风量，即中庭的通风效率；L_{20} 代表单位时间内通过中庭的风的总量，反映了中庭总体的通风能力。对比 V_{20}、L_{20} 拟合曲线可以看出，随着中庭边长的增大，通风能力显著变大，但通风效率有所降低。举例来讲，Z_1 取 4m、24m 时，腔体截面面积分别为 16m^2、576m^2，截面面积增长 36 倍，风流量由 86567.6m^3/h 增长至 649486.8m^3/h，风流量增长 7.5 倍，截面尺度的增加对中庭通风量的贡献率有所下降。

（4）大空间平均风速和空气龄分析

从大空间 1.5m 高度平均风速拟合曲线看，$V_{1.5}$ 变化幅度较小，在 0.36～0.39m/s 之间波动，无明显规律。从大空间 1.5m 高度、XZ 剖面平均空气龄拟合曲线看，随着中庭边长 Z_1 的变大，二者空气龄均呈现小幅下降后再缓慢

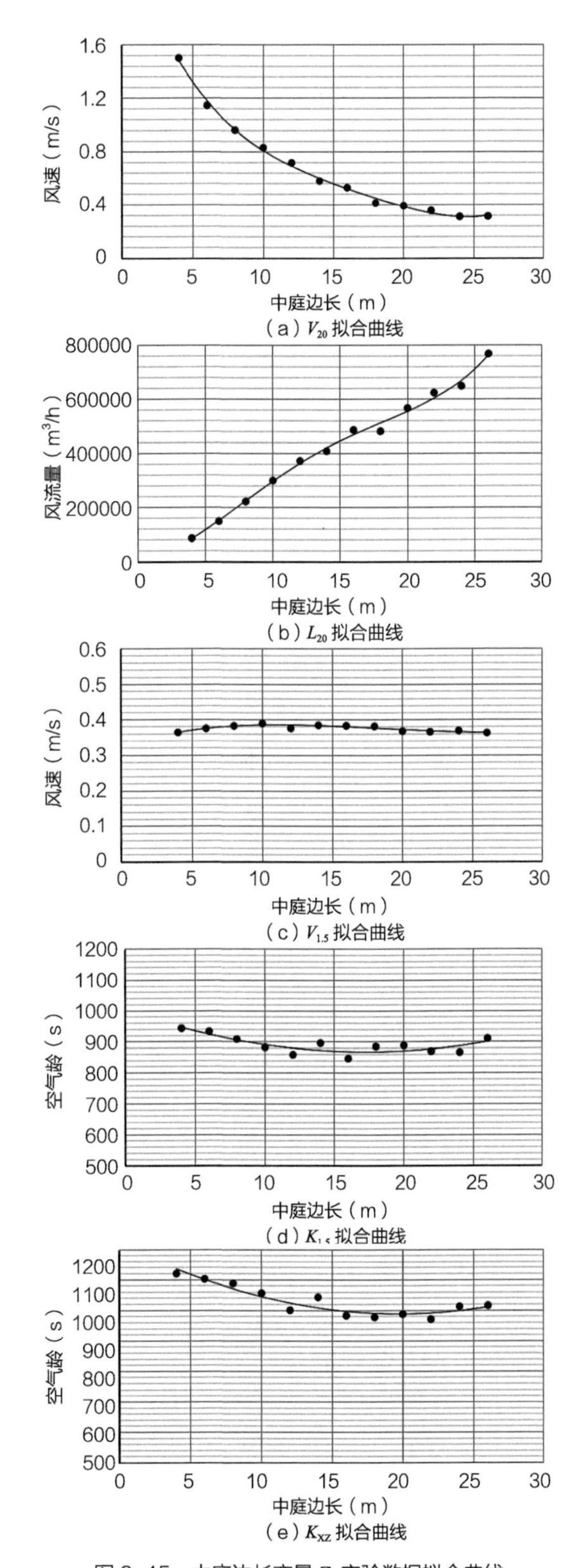

（a）V_{20} 拟合曲线

（b）L_{20} 拟合曲线

（c）$V_{1.5}$ 拟合曲线

（d）$K_{1.5}$ 拟合曲线

（e）K_{XZ} 拟合曲线

图 3-15 中庭边长变量 Z_1 实验数据拟合曲线

中庭边长变量 Z_1 实验数据分布云图 表 3-13

Z_1	$K_{1.5}$（s）分布云图 	$V_{1.5}$（m/s）分布云图 	K_{XZ}（s）分布云图 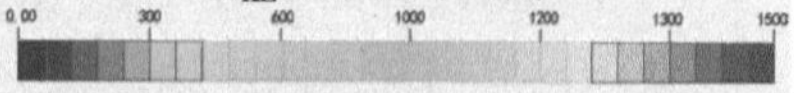
6.0	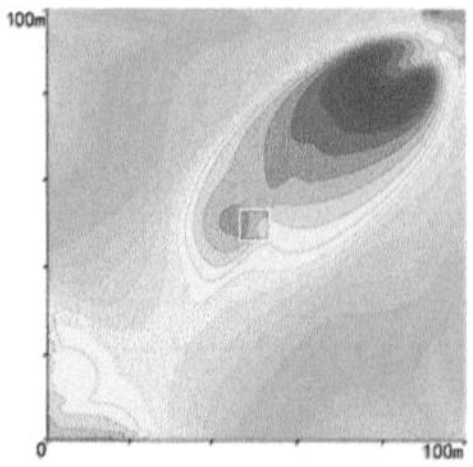	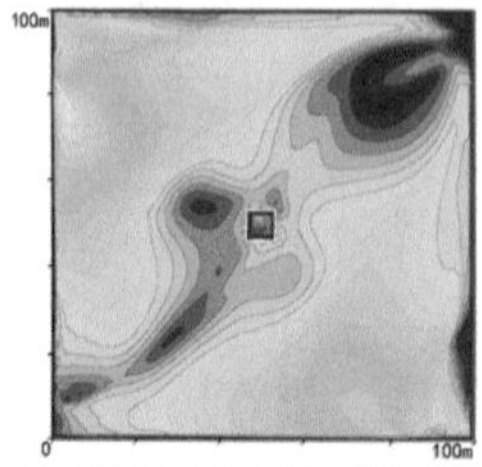	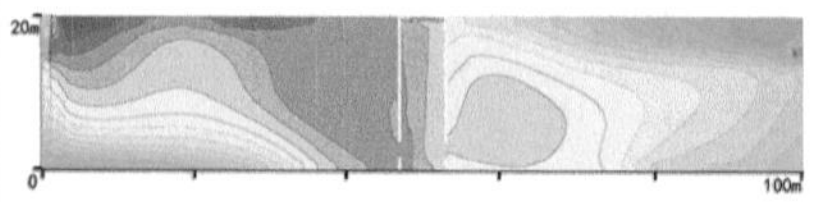
10.0	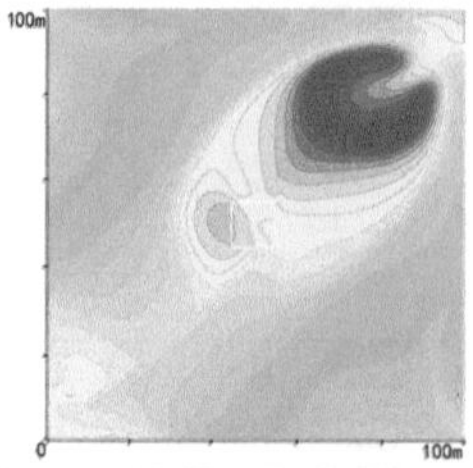	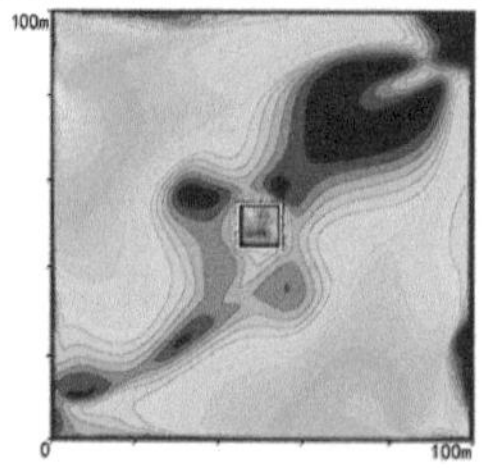	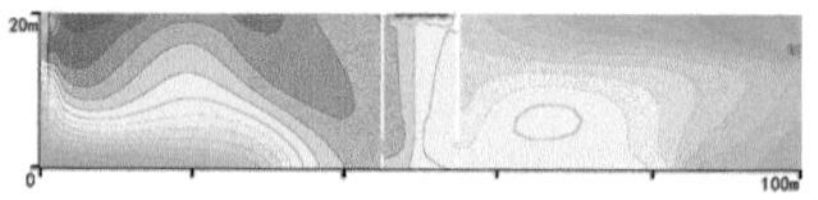
14.0	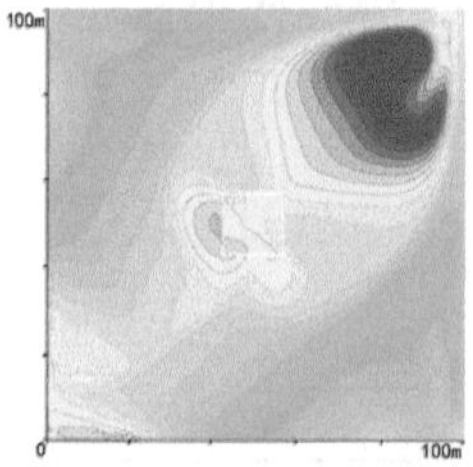	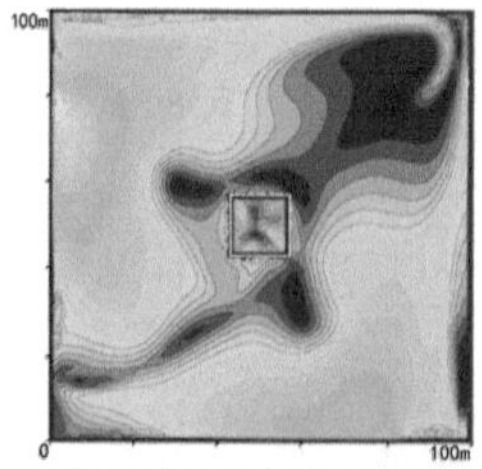	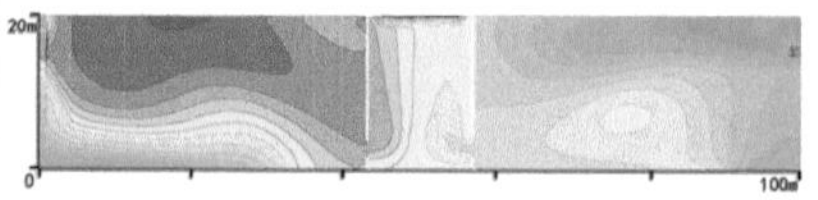
18.0	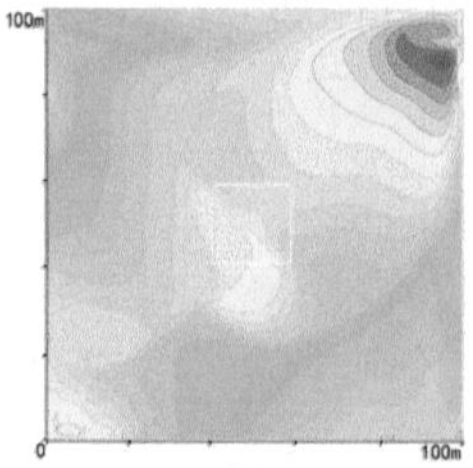	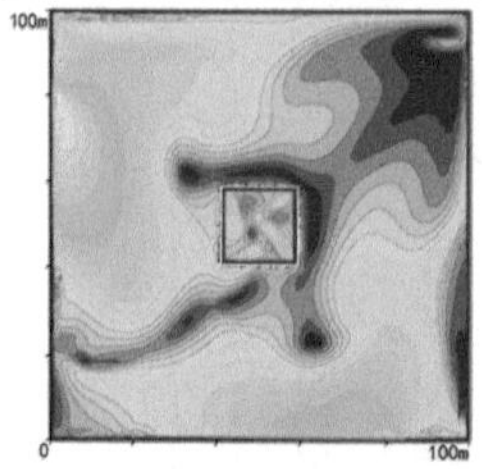	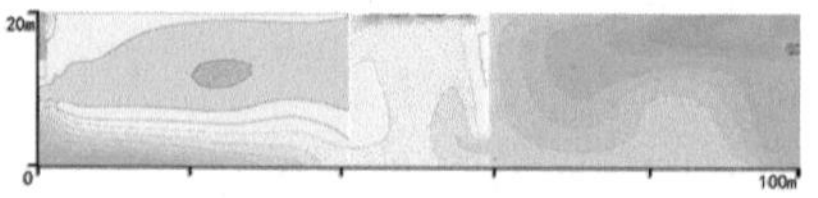
22.0	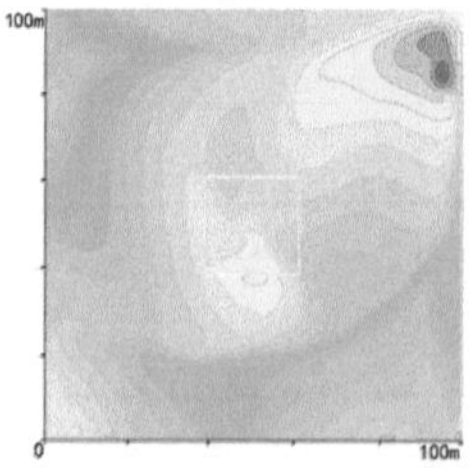	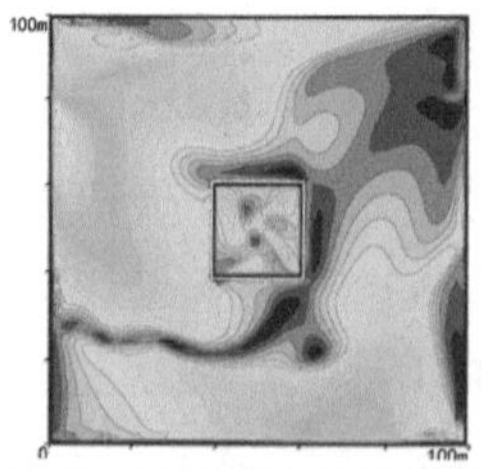	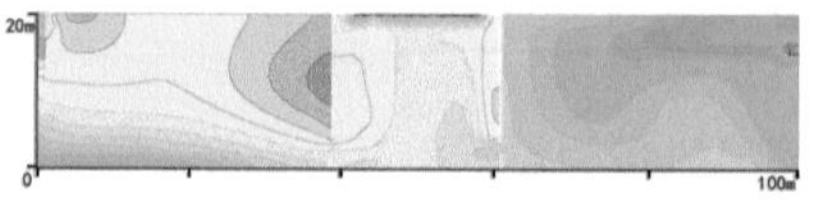
26.0	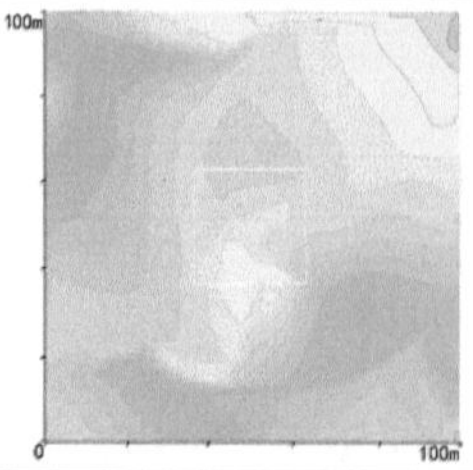	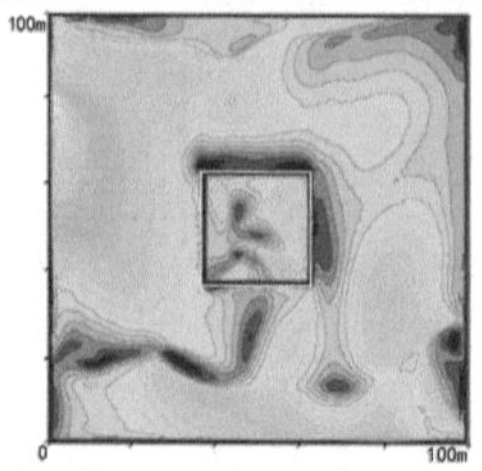	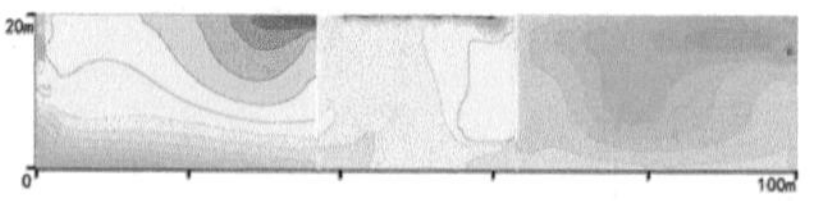

提升的趋势。从变化的幅度看，$K_{1.5}$变化幅度为847.1～943.9s，K_{XZ}变化幅度为971.7～1120.7s，总体变化幅度较小，最低值均出现在Z_1取值16.0m。

（5）大空间风速、空气龄云图分析

从大空间1.5m高度空气龄分布云图可以看出，中庭迎风侧1000～1400s高空气龄区域逐渐减少，800～1000s区域逐渐增大；中庭背风侧空气龄小幅降低，变化不明显；中庭两侧700～800s空气龄区域有所减少；总体上，大空间迎风侧空气龄下降明显，分布均匀度显著改善。

从大空间1.5m高度风速分布云图可以看出，风速一直在1.0m/s以下，未出现局部增高现象；低于0.3m/s风速区域也未见明显减少，分布上逐渐趋于分散，大空间整体风速变化幅度较小，均匀度显著改善。

从大空间XZ剖面空气龄分布云图可以看出，随着Z_1取值的增大，中庭上风侧上空高空气龄区域明显收缩，空气龄逐渐降低；上风侧近地面低空气龄区域逐渐扩大，空气龄数值在900s左右，保持基本稳定；中庭下风侧近地面区域空气龄改善显著，空气龄数值从900～1200s降为800～900s。

（6）中庭腔体边长设计的建议

从风速、空气龄的拟合曲线和云图可以看出，中庭对大空间自然通风的作用表现为两方面，一是增大风流量，二是改善均匀度，二者共同影响大空间的自然通风效果。Z_1取值越大，中庭风流量越大，大空间内均匀度越好，但在Z_1取值16m后，随着中庭边长的增大，通风能力显著变大，但通风效率有所降低。因此，从自然通风的角度讲，大空间中植入中庭的边长，应在空间效果允许时，取较大值。但在超出最优取值后，中庭边长进一步提高，对中庭通风量的贡献率有所下降。

3.3.2 中庭顶部开口Z_2模拟与分析

以正方形中庭为基本模型，中庭顶部开口变量Z_2，按开口与中庭面积的比例设置，取值范围0.1～1.0，变量间隔0.1，取值数量10个。中庭侧面四向设置通长开口，其他变量Z_1、Z_3、Z_4、Z_5取基准值，依次输入基础实验模型。依次输出中庭屋面标高风流量L_{20}、大空间1.5m高度平均风速$V_{1.5}$和平均空气龄$K_{1.5}$、XZ剖面平均空气龄K_{XZ}的数据（图3-16），大空间1.5m高度空气龄$K_{1.5}$分布云图和风速$V_{1.5}$分布云图、XZ剖面空气龄K_{XZ}分布云图（表3-14）。

（1）中庭腔体的风流量L_{20}分析

本模拟实验中，中庭面积不变，中庭平均风速与风流量变化规律一致，故只进行风流量分析。从腔体屋面标高的风流量L_{20}拟合曲线趋势看，随着Z_2在0.1～1.0之间取值的增大，也就是天窗面积由14.4m^{2}增至144m^2，风流量L_{20}呈现显著上升后又显著下降的变化规律。在Z_2取值0.5，即天窗面积为72m^{2}时，风流量L_{20}最高，为457819.8m^3/h。

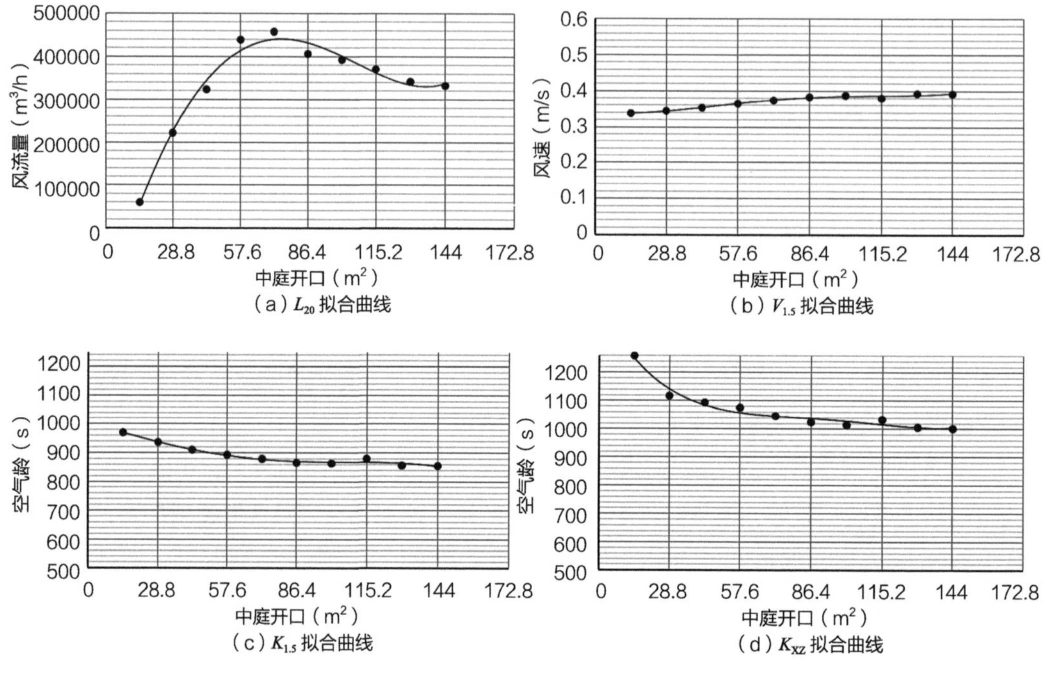

图 3-16　中庭顶部开口变量 Z_2 实验数据拟合曲线

（2）中庭腔体的通风效率分析

Z_2 取值 0.1 ~ 0.5 区间时，天窗面积为 14.4 ~ 72.0m²，风流量由 59357.8m³/h 提升至 457819.8m³/h，单位天窗面积的风流量由 41220.1m³/h 降至 6358.6m³/h，风流量涨幅显著，单位面积的天窗通风效率有所下降。Z_2 取值在 0.6 ~ 1.0 区间，随着天窗的进一步加大，风流量反而降低更多，单位面积的天窗通风效率下降更为显著。

（3）大空间平均风速和空气龄分析

从大空间 1.5m 高度平均风速拟合曲线看，随着中庭天窗比例 Z_2 的变大，$V_{1.5}$ 整体呈现小幅增大趋势，增幅为 0.34 ~ 0.39m/s。从大空间 1.5m 高度、XZ 剖面平均空气龄拟合曲线趋势看，随着中庭天窗比例 Z_2 的变大，二者空气龄均呈现持续下降的趋势，下降幅度逐渐变缓。从变化的幅度看，$K_{1.5}$ 降幅为 970.7 ~ 855.5s，K_{XZ} 降幅为 1259.4 ~ 1001.8s，总体变化幅度较小。

（4）大空间空气龄、风速云图分析

从大空间 1.5m 高度空气龄分布云图可以看出，在大空间 45° 轴线方向上，1100s 以上空气龄区域，由连续成片逐渐断开分散，覆盖区域减小，1000s 以下空气龄区域逐渐增多；在轴线两侧，800s 以下、500s 以下空气龄区域均有明显扩大。从大空间 1.5m 高度风速分布云图可以看出，0.4m/s 以下区域主要集中在大空间 45° 轴线附近，覆盖区域变化微小；0.4m/s 以上风速区域主要分布在两侧，分布形态和面积变化不明显。

从大空间 XZ 剖面空气龄分布云图可以看出，随着 Z_2 取值的增大，中庭上风侧上空

中庭顶部开口变量 Z_2 实验数据分布云图　　表 3-14

Z_2	$K_{1.5}$（s）分布云图 	$V_{1.5}$（m/s）分布云图 	K_{XZ}（s）分布云图 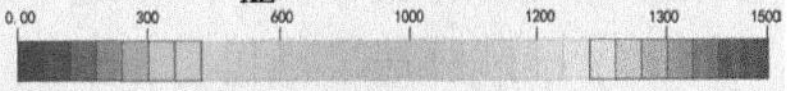
14.4	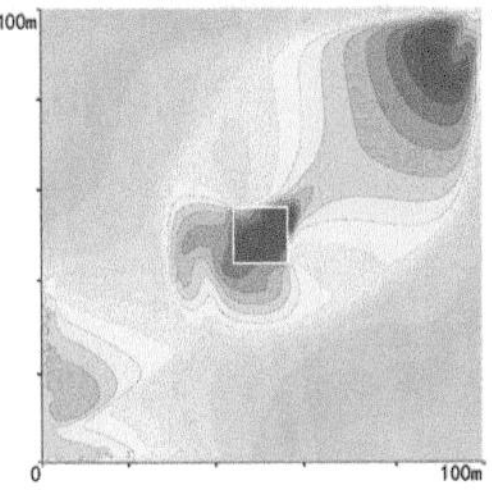	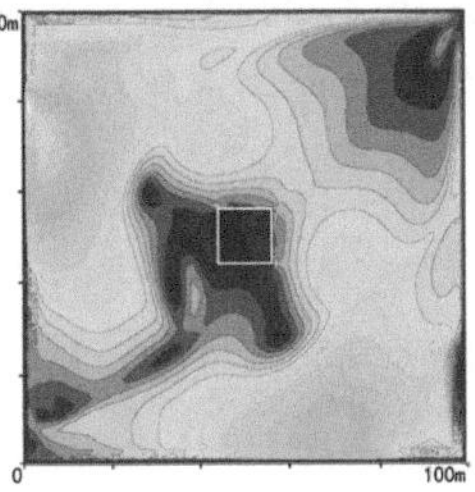	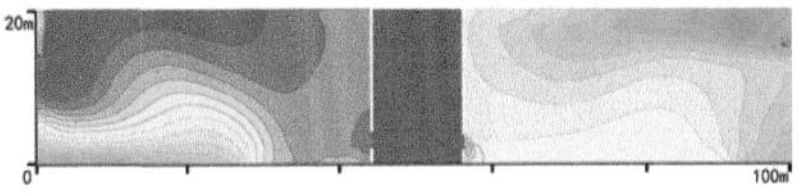
43.2	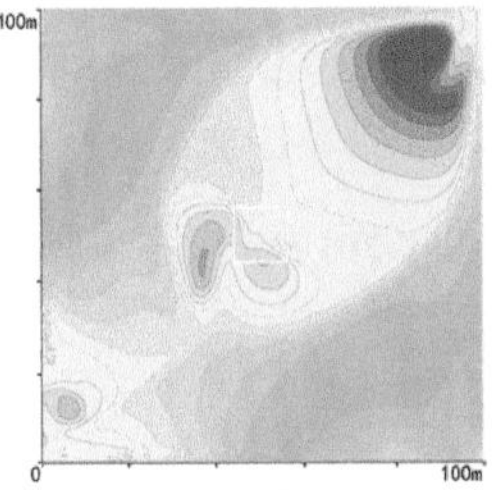	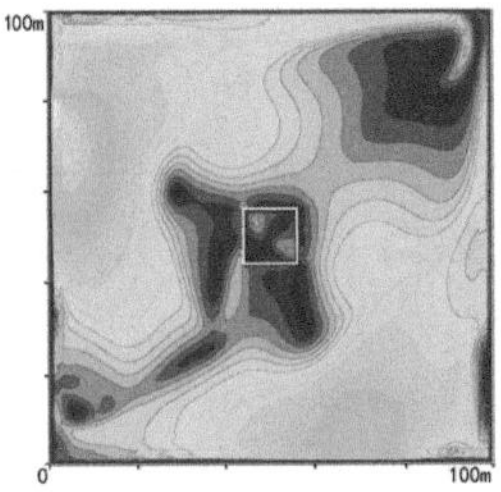	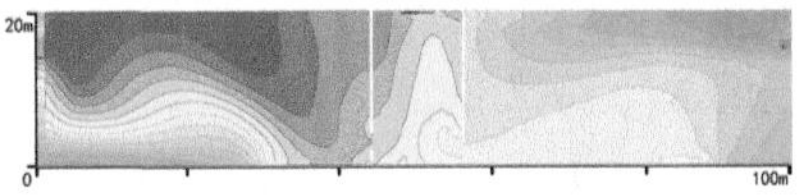
72.0	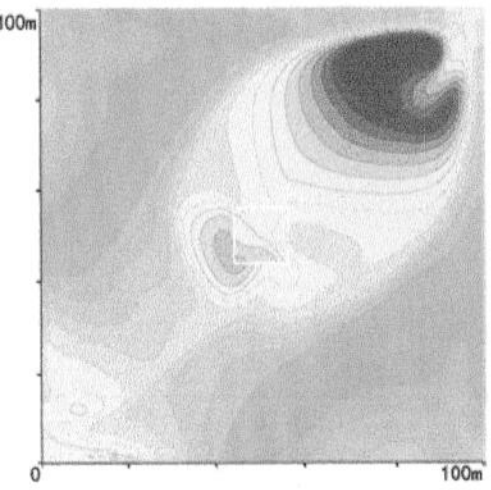	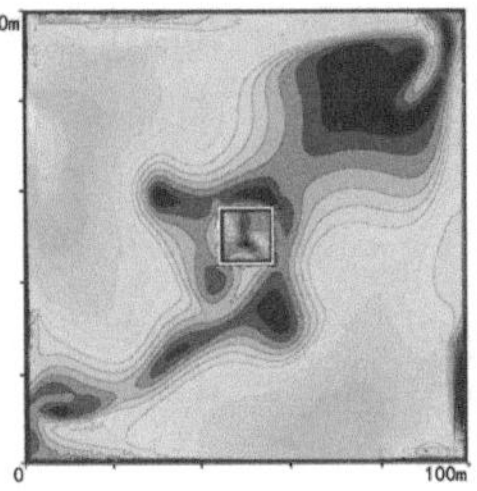	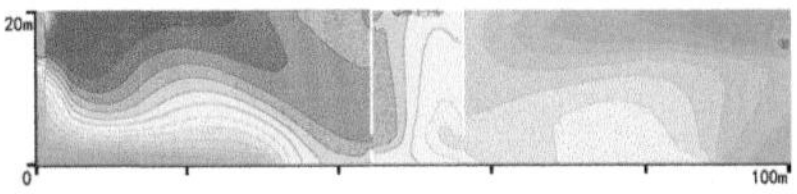
100.8	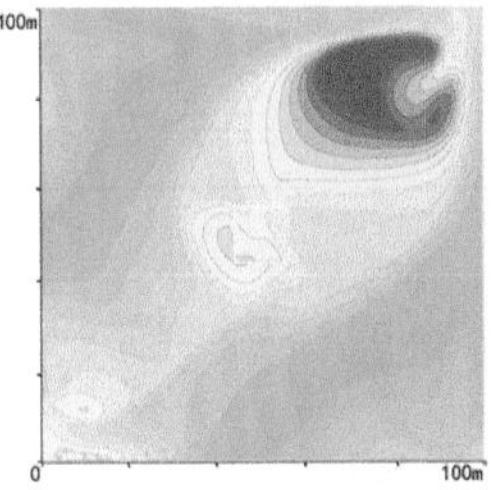	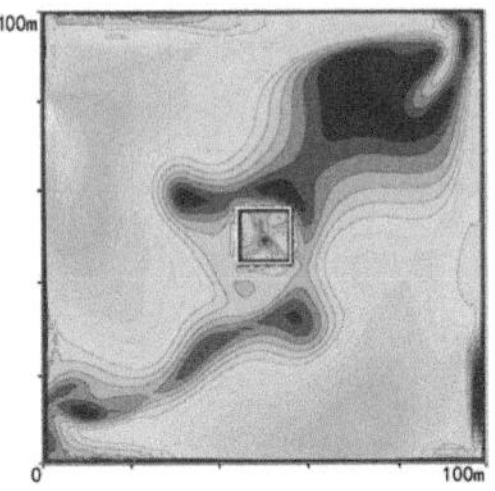	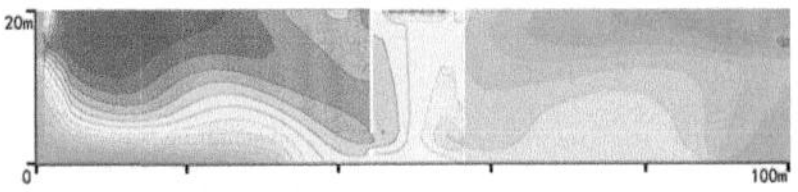
129.6	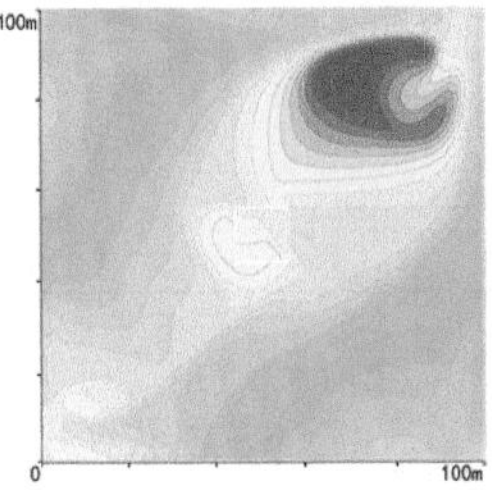	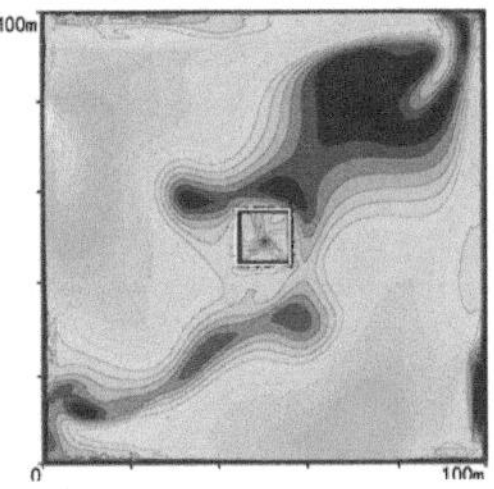	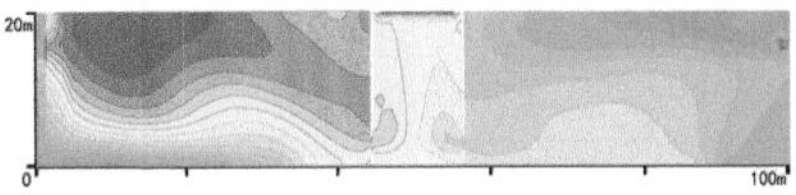

高空气龄区域明显收缩，空气龄逐渐降低；上风侧近地面低空气龄区域逐渐扩大，900s左右空气龄区域成为主导；中庭下风侧近地面区域空气龄改善显著，整体下降200s左右。

（5）中庭腔体天窗设计的建议

从10组模拟实验看，中庭天窗比例 Z_2 的增大对风流量提升作用明显，Z_2 优选取值为0.5；对大空间风速、空气龄的平均值也有一定积极影响，可适当选较高取值；天窗对大空间风速和空气龄的均匀度影响均较弱。

3.3.3 中庭侧面开口高度 Z_3 模拟与分析

以正方形中庭为基本模型，中庭侧面四向设置通长开口，开口高度 Z_3 取值范围3.0～6.0m，变量间隔0.5m，取值数量7个。其他变量 Z_1、Z_2、Z_4、Z_5 取基准值，依次输入基础实验模型。依次输出中庭屋面标高风流量 L_{20}、大空间1.5m高度平均风速 $V_{1.5}$ 和平均空气龄 $K_{1.5}$、XZ剖面平均空气龄 K_{XZ} 的数据（图3-17），大空间1.5m高度空气龄 $K_{1.5}$ 分布云图和风速 $V_{1.5}$ 分布云图、XZ剖面空气龄 K_{XZ} 的分布云图（表3-15）。

（1）中庭腔体的风流量 L_{20} 分析

从中庭屋面标高的风流量 L_{20} 拟合曲线趋势看，随着 Z_3 在3.0～6.0m之间逐渐变高，中庭风流量 L_{20} 仅小幅提升。侧开口面积增大一倍，中庭风流量仅由407401.7 m³/h小幅提升至431058.4 m³/h，上涨5.8%。

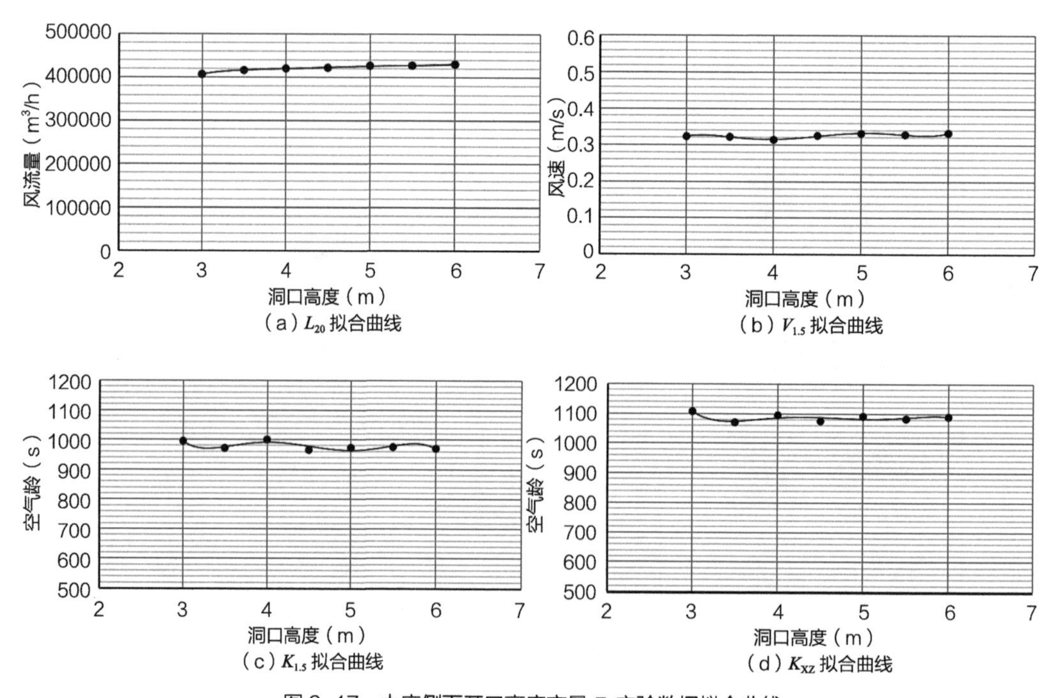

图3-17　中庭侧面开口高度变量 Z_3 实验数据拟合曲线

（2）大空间平均风速和空气龄分析

从大空间 1.5m 高度平均风速、1.5m 高度平均空气龄、XZ 剖面平均空气龄拟合曲线看，随着 Z_3 取值在 3.0 ~ 6.0m 之间时，风速和空气龄数值均呈现无明确规律的波动。从变化的幅度看，风速变化幅度在 0.02m/s 内、空气龄变化幅度在 35s 内，幅度很小。

中庭侧面开口高度变量 Z_3 实验数据分布云图　　表 3-15

Z_3	$K_{1.5}$（s）分布云图	$V_{1.5}$（m/s）分布云图	K_{XZ}（s）分布云图
3.0			
4.0			
5.0			
6.0			

（3）大空间空气龄、风速云图分析

从大空间 1.5m 高度空气龄云图、1.5m 高度风速云图、XZ 剖面空气龄云图看，高、低风速区域的数值和分布范围，高低空气龄区域的数值和分布，均呈现微弱的变化。

（4）中庭腔体侧面开口高度设计的建议

本模拟实验 Z_3 取值 3.0 ~ 6.0m 之间，符合常规层高下中庭侧面开口高度的适宜范围。从模拟实验结果看，Z_3 对大空间风速和空气龄的数值、分布作用微弱，设计中可不作考虑。

3.3.4 中庭侧面开口距地高度 Z_4 模拟与分析

以正方形中庭为基本模型，中庭侧面四向设置通长开口，考虑到合理层高的影响，开口距地高度 Z_4 取值分 4 组共 8 个，分别为 0m 和 1.0m、5.0m 和 6.0m、10.0m 和 11.0m、15.0m 和 16.0m，对应大空间分层设置时一层、二层、三层、四层的高度。其他变量 Z_1、Z_2、Z_3、Z_5 取基准值，依次输入基础实验模型。依次输出中庭屋面标高风流量 L_{20}、大空间 1.5m 高度平均风速 $V_{1.5}$ 和平均空气龄 $K_{1.5}$、XZ 剖面平均空气龄 K_{XZ} 的数据（图 3-18），大空间 1.5m 高度空气龄 $K_{1.5}$ 分布云图和风速 $V_{1.5}$ 分布云图、XZ 剖面平均空气龄 K_{XZ} 的分布云图（表 3-16）。

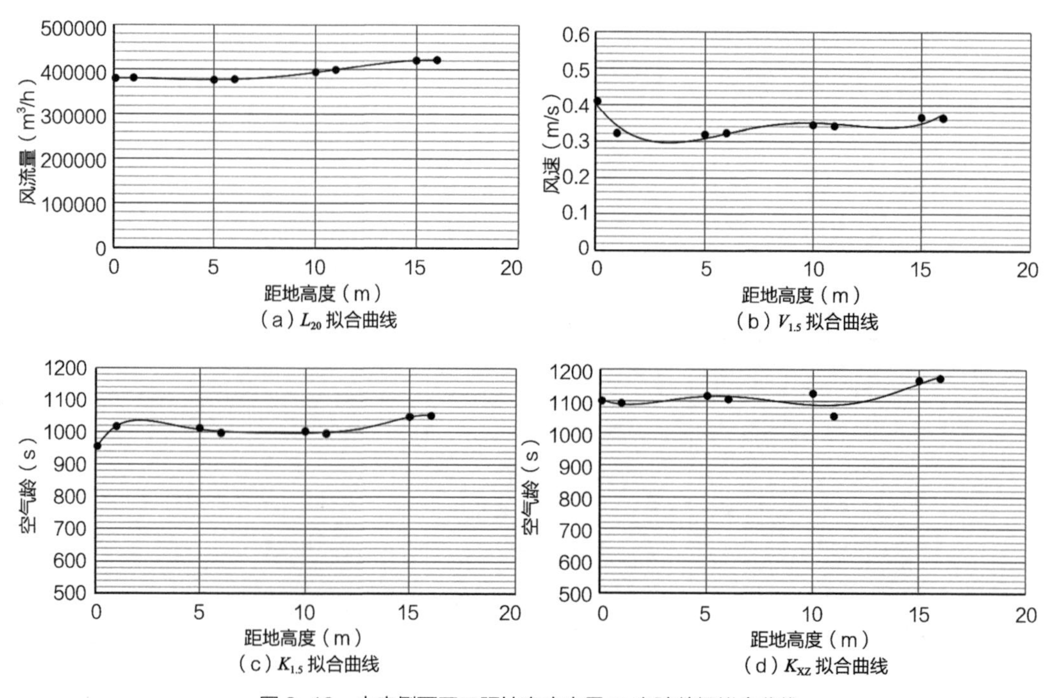

图 3-18 中庭侧面开口距地高度变量 Z_4 实验数据拟合曲线

中庭侧面开口距地高度变量 Z_4 实验数据分布云图　　表 3-16

Z_4	$K_{1.5}$（s）分布云图 	$V_{1.5}$（m/s）分布云图 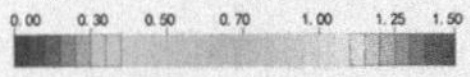	K_{XZ}（s）分布云图 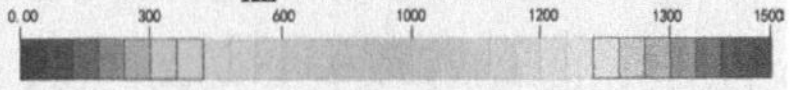
0.0	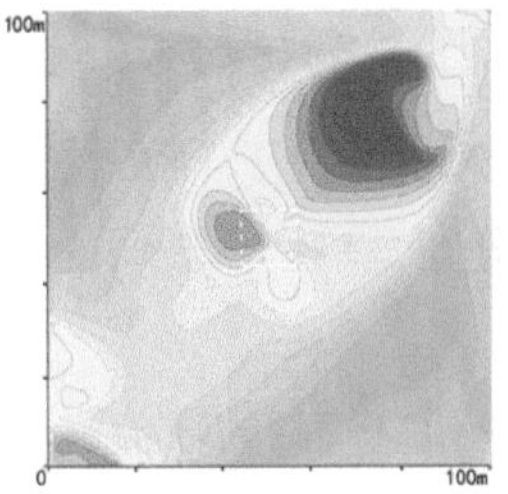	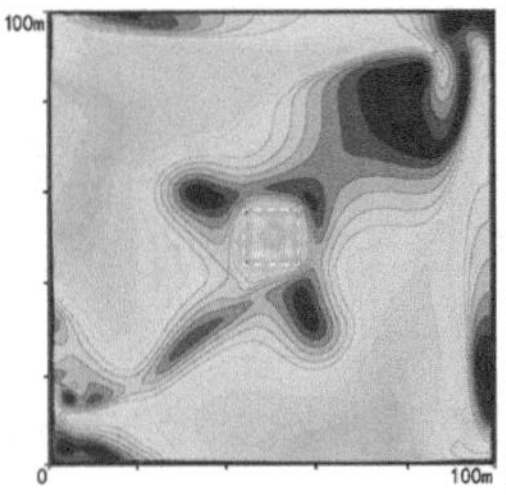	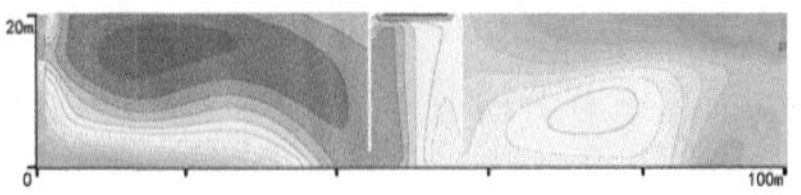
5.0	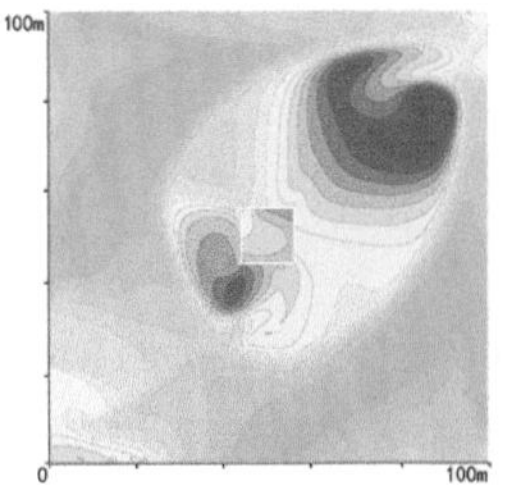	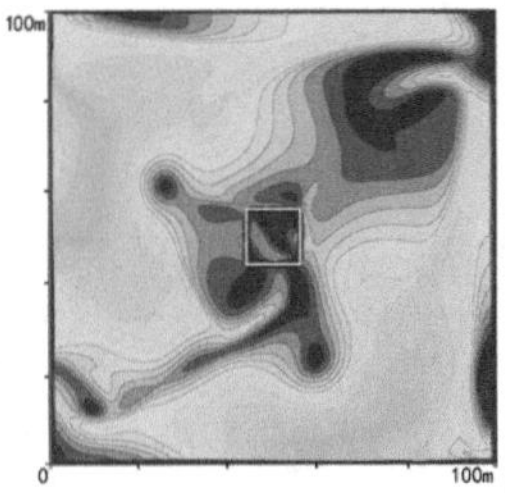	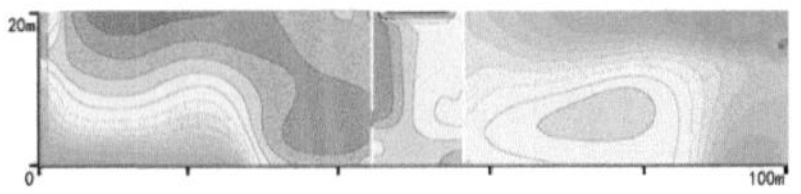
10.0	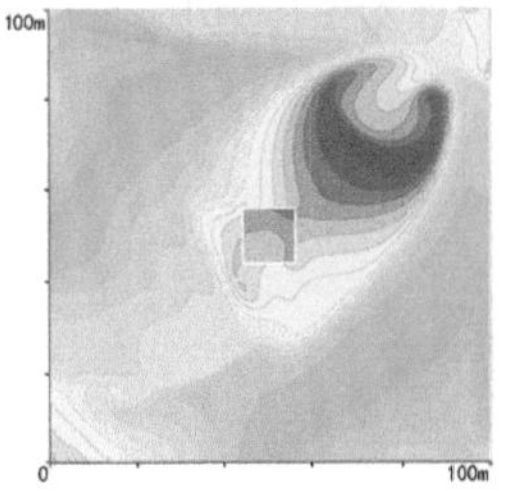	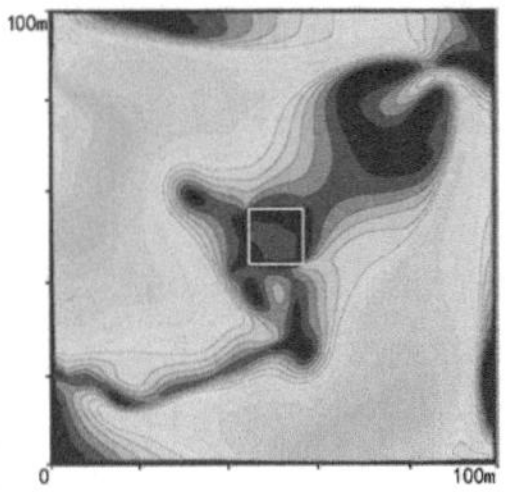	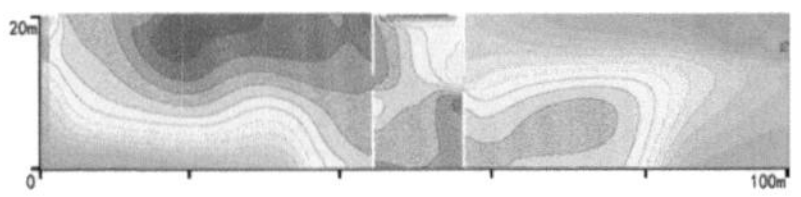
15.0	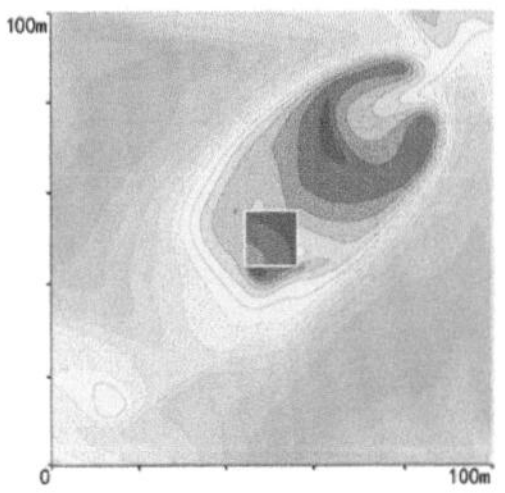	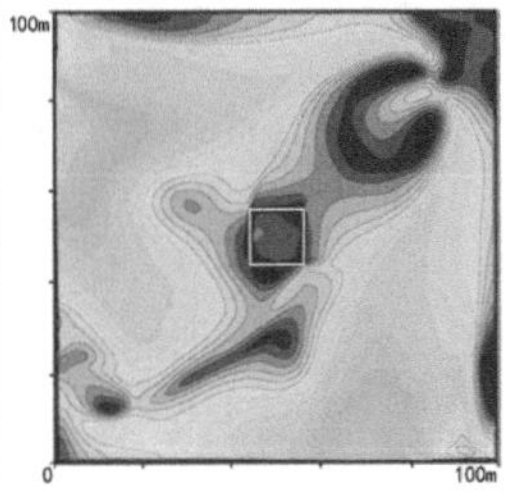	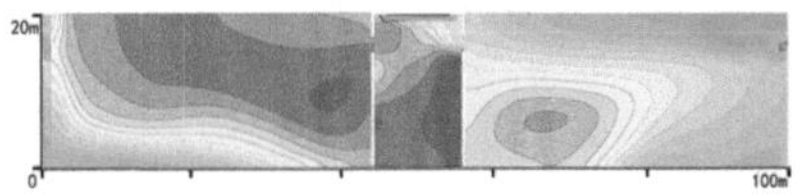

（1）中庭腔体的风流量 L_{20} 分析

从中庭屋面标高的风流量 L_{20} 拟合曲线趋势看，随着 Z_4 数据组取值的变大，风流量 L_{20} 呈现先小幅下降后升高的趋势，变化幅度小，在 380372.9～422855.5m^3/h 之间，最优值出现在 Z_4 取值 16m 时。

（2）大空间平均风速和空气龄分析

从大空间 1.5m 高度平均风速、1.5m 高度平均空气龄、XZ 剖面平均空气龄拟合曲线趋势看，随着 Z_4 取值的变大，$V_{1.5}$ 小幅降低后升高，$K_{1.5}$ 和 K_{XZ} 呈现小幅无规律波动。从变化的幅度看，风速变化幅度在 0.09m/s 之内，空气龄变化幅度在 120s 以内。

（3）大空间空气龄、风速云图分析

从大空间 1.5m 高度空气龄云图、1.5m 高度风速云图、XZ 剖面空气龄云图看，高、低风速区域的数值和分布范围，高、低空气龄区域的数值和分布，均呈现微弱的变化。

（4）中庭腔体侧面开口距地高度设计的建议

从 Z_4 的 4 组 8 个取值模拟实验结果看，Z_4 对大空间风速和空气龄的数值、分布作用微弱，设计中可不作考虑。

3.3.5 中庭平面比例 Z_5 模拟与分析

在保持中庭面积为 144m^2 不变的情况下，中庭平面比例变量 Z_5 取 5 组数据进行模拟实验，分别为 4 : 36、6 : 24、9 : 16、10 : 14.4、12 : 12，依次输入基础实验模型。中庭侧面四向设置通长开口，其他变量 Z_2、Z_3、Z_4 取基准值，依次输入基础实验模型。依次输出中庭屋面标高风流量 L_{20}、大空间 1.5m 高度平均风速 $V_{1.5}$ 和平均空气龄 $K_{1.5}$、XZ 剖面平均空气龄 K_{XZ} 的数据（图 3-19），大空间 1.5m 高度空气龄 $K_{1.5}$ 分布云图和风速 $V_{1.5}$ 分布云图、XZ 剖面平均空气龄 K_{XZ} 的分布云图（表 3-17）。

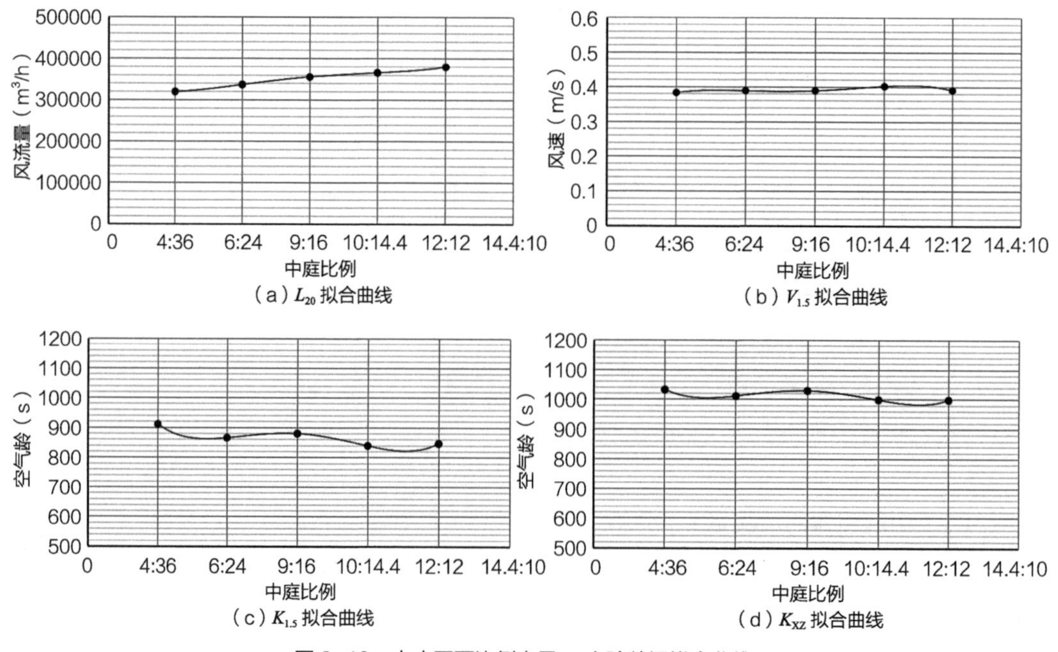

（a）L_{20} 拟合曲线

（b）$V_{1.5}$ 拟合曲线

（c）$K_{1.5}$ 拟合曲线

（d）K_{XZ} 拟合曲线

图 3-19 中庭平面比例变量 Z_5 实验数据拟合曲线

中庭平面比例变量 Z_5 实验数据分布云图　　表 3-17

Z_5	$K_{1.5}$（s）分布云图	$V_{1.5}$（m/s）分布云图	K_{XZ}（s）分布云图
4:36			
6:24			
9:16			
10:14.4			
12:12			

（1）中庭腔体的风流量 L_{20} 分析

从中庭屋面标高的风流量 L_{20} 拟合曲线趋势看，随着 Z_5 取值逐渐增大，中庭平面逐渐趋于方形，风流量 L_{20} 持续变大，但变化幅度小，在 319495.1 ~ 380245.9m^3/h 之间，增幅 60750.8m^3/h。

（2）大空间平均风速和空气龄分析

从大空间 1.5m 高度平均风速、1.5m 高度平均空气龄、XZ 剖面平均空气龄拟合曲线趋势看，随着 Z_5 取值逐渐增大，$V_{1.5}$、$K_{1.5}$、K_{XZ} 呈现小幅无规律波动。从变化的幅度看，风速变化幅度在 0.02m/s 之内，空气龄变化幅度在 70s 以内，中庭比例对大空间风环境影响微弱。

（3）大空间空气龄、风速云图分析

从大空间 1.5m 高度空气龄云图、1.5m 高度风速云图看，高、低空气龄区域数值和分布，均呈现微弱的变化。从 XZ 剖面空气龄云图看，中庭下风侧空气龄数值和范围变化较弱，中庭上风侧上部空气龄有较明显变化，近地面高度空气龄变化较弱。

（4）中庭腔体比例设计的建议

从 Z_5 的 5 个模拟实验结果看，Z_5 对大空间风速和空气龄的数值、分布作用微弱，设计中可不作考虑。

3.4 天井腔体自然通风模拟

天井腔体的模拟实验变量分别为天井腔体边长 T_1、天井腔体平面比例 T_2、天井腔体侧面开口高度 T_3、天井腔体侧面开口距地高度 T_4，变量取值范围、个数按前文设置（参见表 3-3）。在 3 个自变量先行选定基准值的情况下，分别对 T_1 ~ T_4 自变量进行单变量模拟实验，即在其取值范围内逐一选取自变量数据输入 CFD 实验模拟平台，对应输出大空间 1.5m 高度平面平均风速 $V_{1.5}$、1.5m 高度平面平均空气龄 $K_{1.5}$、XZ 剖面平均空气龄 K_{XZ}、YZ 剖面平均空气龄 K_{YZ} 等评价指标及相应云图等。对输入、输出数据组进行回归拟合分析和相关性分析，揭示天井腔体单一形态变量与风速、空气龄之间的数值关系；对风速、空气龄云图进行可视性分布分析，探讨天井腔体单一形态变量对大空间自然通风效果的影响规律。由于天井上部直通室外，同时存在自上风向大空间向天井出风、天井向下风向大空间进风的情况，不适合采取屋面标高处平均风速和风流量来评价天井的通风性能。

3.4.1 天井截面边长 T_1 模拟与分析

天井边长变量 T_1 取值数量 14 个，取值范围 4.0 ~ 30.0m，变量间隔 2.0m，依次输入基础实验模型。天井取正方形平面，侧面四向设置通长开口，其他变量 T_2、T_3、T_4 取基准值。依次输出大空间 1.5m 高度平均空气龄 $K_{1.5}$、1.5m 高度平均风速 $V_{1.5}$、XZ 剖面平均空气龄 K_{XZ}、YZ 剖面平均空气龄 K_{YZ} 的数据（图 3-20），大空间 1.5m 高度空气龄 $K_{1.5}$ 分布云图和风速 $V_{1.5}$ 分布云图、XZ 剖面空气龄 K_{XZ} 的分布云图（表 3-18）。

模拟实验分析如下：

（1）大空间平面平均风速和空气龄分析

从拟合曲线趋势看，随着天井边长 T_1 的增大，大空间 1.5m 高度平均风速 $V_{1.5}$ 持续明显增大，大空间 1.5m 高度空气龄 $K_{1.5}$ 持续明显降低。从通风数值看，随着天井边长 T_1 的增大，$V_{1.5}$ 由 0.52m/s 增至 0.86m/s，$K_{1.5}$ 由 721.2s 降至 303.2s。从通风效能看，T_1 每增加 1.0m，$V_{1.5}$ 增加 0.01m/s，$K_{1.5}$ 下降 16.1s。

（2）大空间剖面平均空气龄分析

从拟合曲线趋势看，随着天井边长 T_1 的增大，大空间 XZ、YZ 剖面平均空气龄均持续明显降低。从通风数值看，随着天井边长 T_1 的增大，K_{XZ} 由 826.2s 降至 304.4s，K_{YZ} 由 825.2s 降至 321.1s。从通风效能看，T_1 每增加 1.0m，K_{XZ} 下降 20.1s，K_{YZ} 下降 19.4s。

（3）大空间空气龄、风速云图分析

从大空间 1.5m 高度空气龄云图看，T_1 取值较小时，天井至迎风向大空间角部之间区域的空气龄基本在 800s 以上，天井背风向仅少量区域空气龄在 300s 以下。随着 T_1 取值逐渐增大至 30m，天井至迎风向大空间角部之间区域空气龄降至 700s 以下，均值在 450s 左右；天井背风向全区域空气龄降至 300s 以下，均值在 100s 左右。

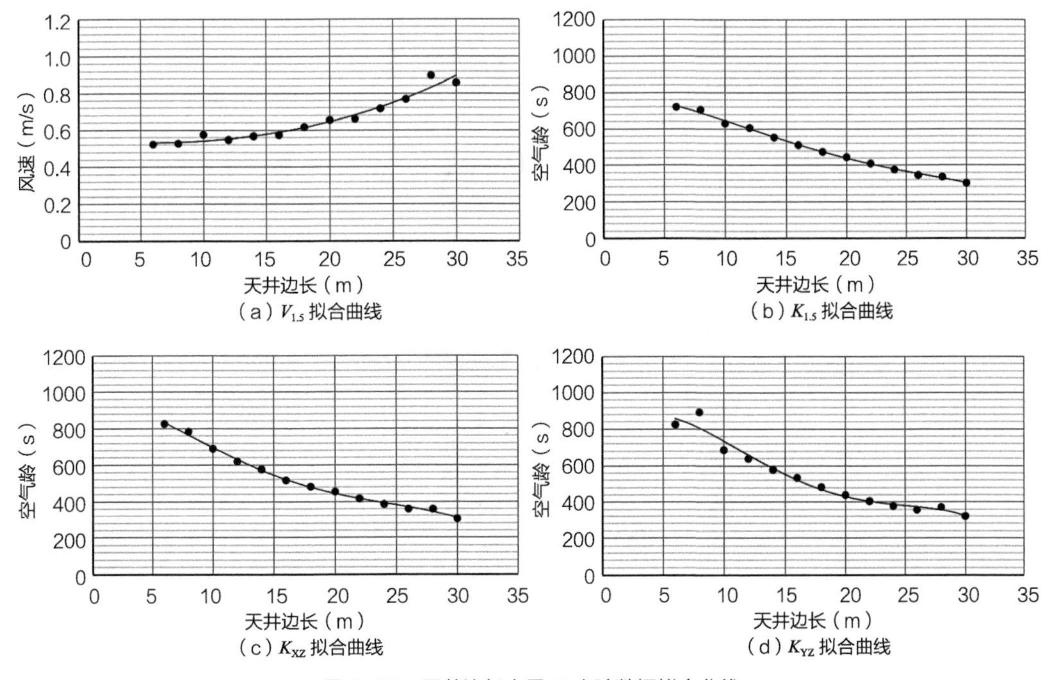

图 3-20　天井边长变量 T_1 实验数据拟合曲线

天井边长变量 T_1 实验数据分布云图　　表 3-18

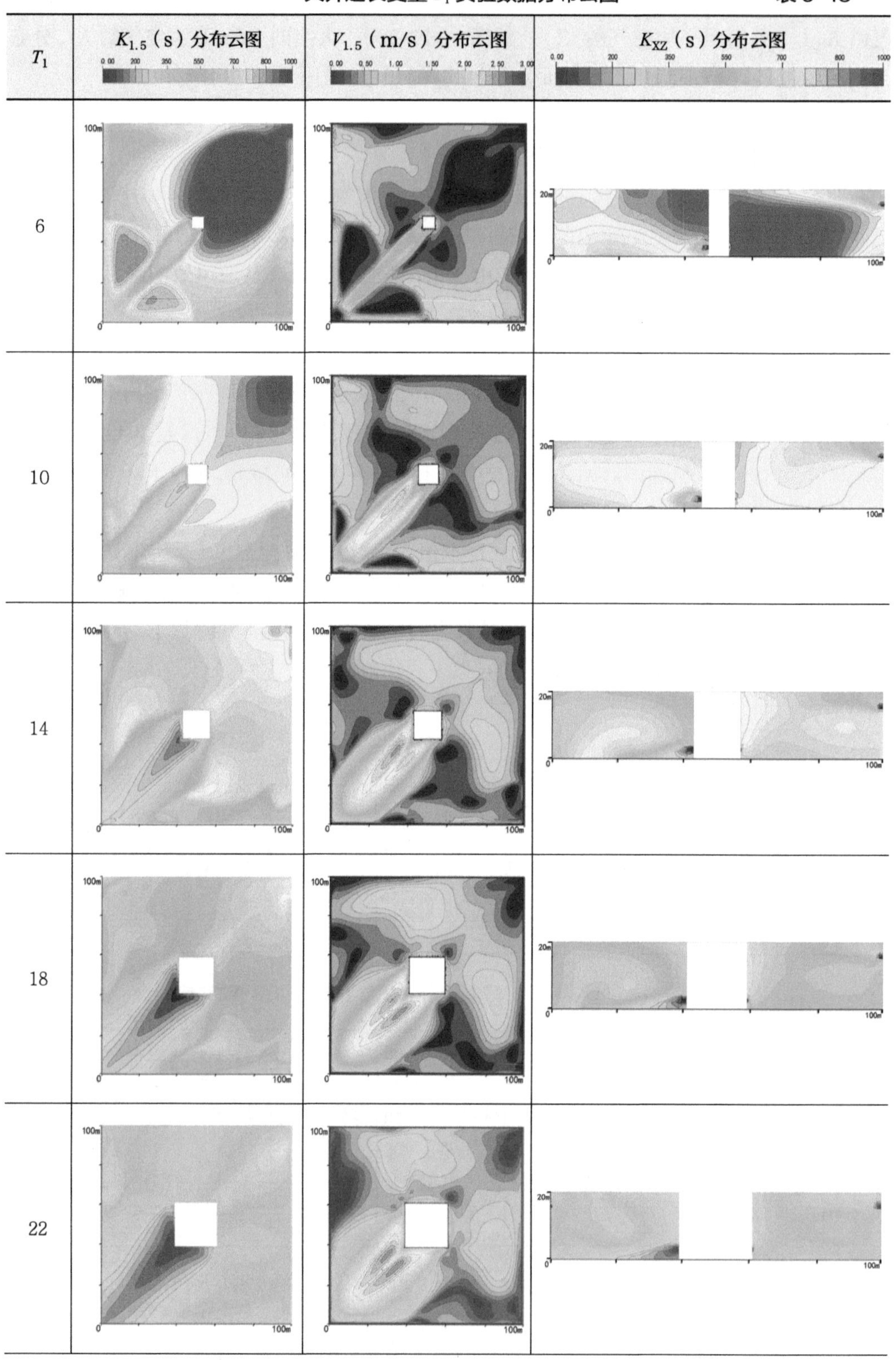

续表

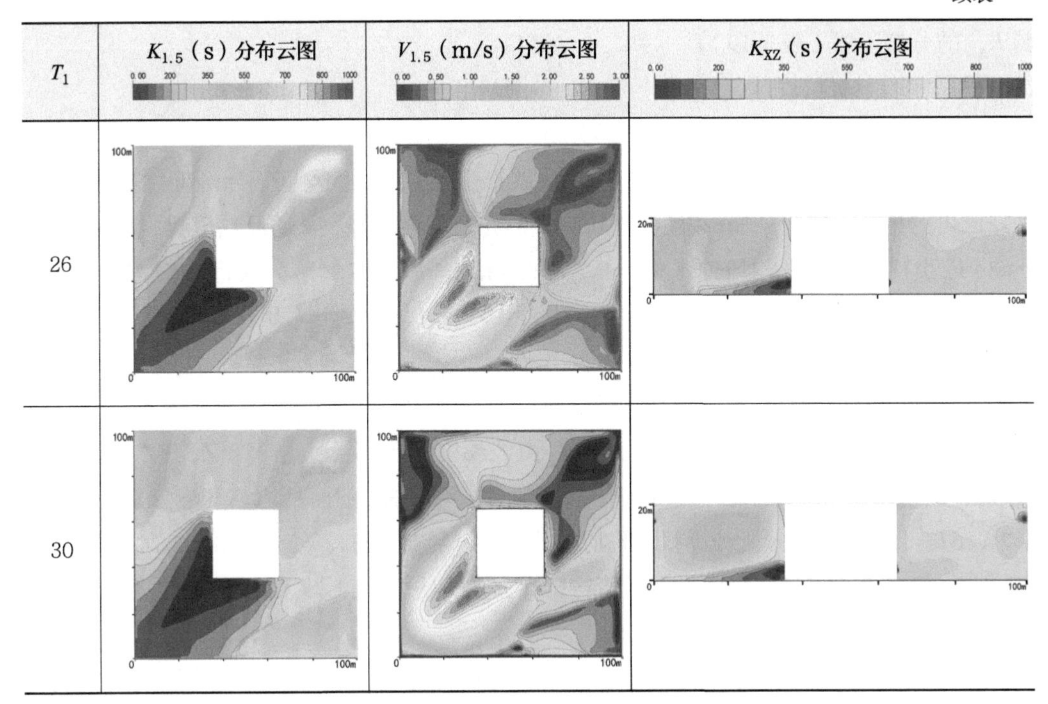

T_1	$K_{1.5}$（s）分布云图	$V_{1.5}$（m/s）分布云图	K_{XZ}（s）分布云图
26			
30			

从大空间 1.5m 高度风速云图看，变化规律基本等同空气龄的变化。随着 T_1 的逐渐增大，天井至迎风向大空间角部之间、风速低于 0.2m/s 的区域，明显减少；天井背风向仅少量区域风速在 1.5m/s 以上，逐渐变为风速均值在 2.0m/s 左右，部分区域达到 2.5m/s 以上，风环境改善显著。

从 XZ 轴剖面空气龄云图看，随着 T_1 的逐渐增大，天井至迎风向大空间角部之间空气龄由平均 900s 降为 300s 左右，天井背风向区域空气龄由 700s 降为 350s 左右。

（4）天井腔体边长设计的建议

从风速、空气龄的拟合曲线和云图可知，天井对大空间自然通风的作用表现为两方面，一是促进上风向区域的排风，二是加大下风向区域的进风，二者共同影响大空间的自然通风效果。T_1 取值越大，大空间的自然通风性能越优化。因此，从自然通风的角度讲，大空间中植入天井的边长，应在空间效果允许时，取较大值。

3.4.2　天井平面比例 T_2 模拟与分析

在保持天井面积为 144m^2 不变的情况下，天井平面比例变量 T_2 取 5 组数据进行模拟实验，分别为 4：36、6：24、9：16、10：14.4、12：12，依次输入基础实验模型。天井侧面四向设置通长开口，其他变量 T_3、T_4 取基准值。依次输出大空间 1.5m 高度平均空气龄 $K_{1.5}$、1.5 高度平均风速 $V_{1.5}$、XZ 剖面平均空气龄 K_{XZ}、YZ 剖面平均空气龄 K_{YZ} 的数据

（图 3-21），大空间 1.5m 高度的空气龄 $K_{1.5}$ 分布云图和风速 $V_{1.5}$ 分布云图、XZ 剖面空气龄 K_{XZ} 的分布云图（表 3-19）。

模拟实验分析如下：

（1）大空间平面平均风速和空气龄分析

从拟合曲线趋势看，随着天井比例 T_2 由线形变至方形，大空间 1.5m 高度的平均风速先降低再升高，大空间 1.5m 高度的平均空气龄先升高再下降。从通风数值看，在 T_2 取值 4 : 36 最小比例时，平均风速最优，$V_{1.5}$ 为 0.94m/s；平均空气龄为最优，$K_{1.5}$ 为 411.3s。当 T_2 取值 9 ： 16 时，平均风速最低，$V_{1.5}$ 为 0.51m/s；平均空气龄最高，$K_{1.5}$ 为 685.3s。T_2 取其他值时，风速和空气龄指标居中。

（2）大空间剖面平均风速和空气龄分析

从拟合曲线趋势看，随着天井比例 T_2 由线形变至方形，大空间 XZ、YZ 剖面平均空气龄均呈现逐渐升高后趋平的状态。从通风数值看，XZ 剖面平均空气龄分别为 491s、607s、673s、655s、676s，YZ 剖面平均空气龄分别为 573s、628s、755s、748s、758s。XZ 剖面、YZ 剖面平均空气龄的最优值均出现在 T_2 取最小值，即天井最趋于线形的状态。

（3）大空间风速、空气龄云图分析

从大空间 1.5m 高度空气龄云图看，天井背风侧空气龄较低，局部降至 100s 以下；上风侧空气龄较高，可达 900s 左右，两侧空气龄居中，且总体空气龄状况较无腔体工况有显著改善。本模拟实验中，T_2 取值 4 : 36 时的大空间，空气龄分布状况最优，其次为 6 : 24、12 : 12、10 : 14.4，相比较而言，9 : 16 时空气龄分布最差。

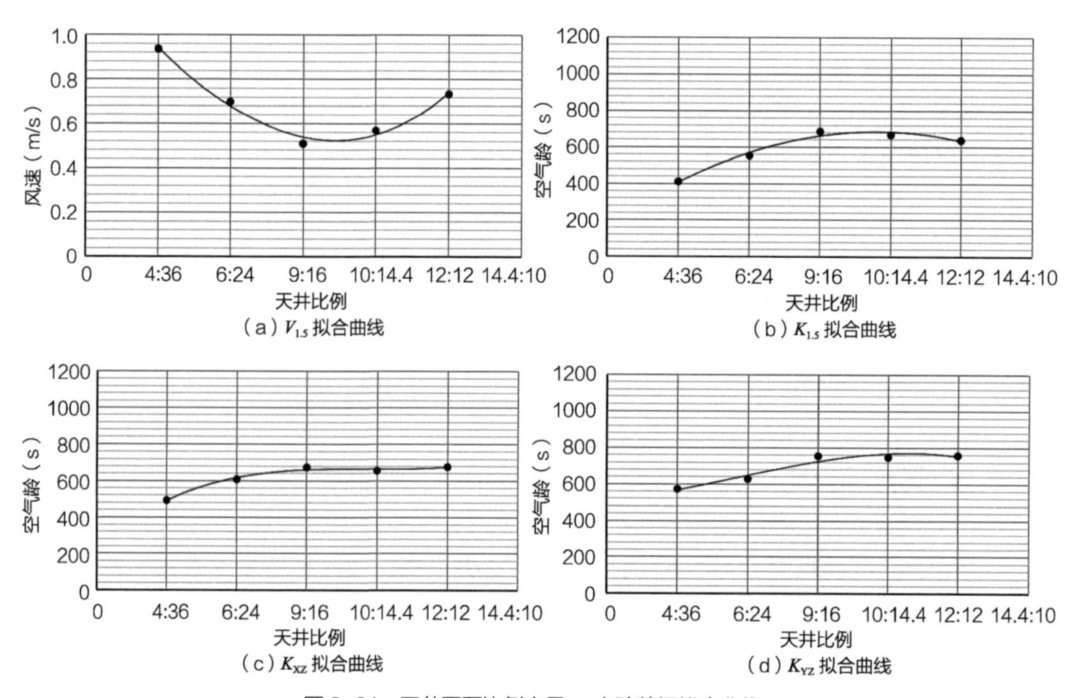

（a）$V_{1.5}$ 拟合曲线

（b）$K_{1.5}$ 拟合曲线

（c）K_{XZ} 拟合曲线

（d）K_{YZ} 拟合曲线

图 3-21　天井平面比例变量 T_2 实验数据拟合曲线

天井平面比例变量 T_2 实验数据分布云图　　表 3-19

T_2	$K_{1.5}$（s）分布云图 	$V_{1.5}$（m/s）分布云图 	K_{XZ}（s）分布云图 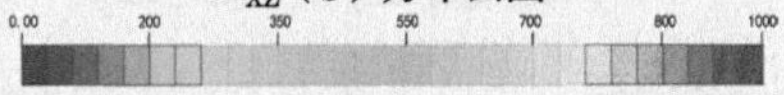
4:36	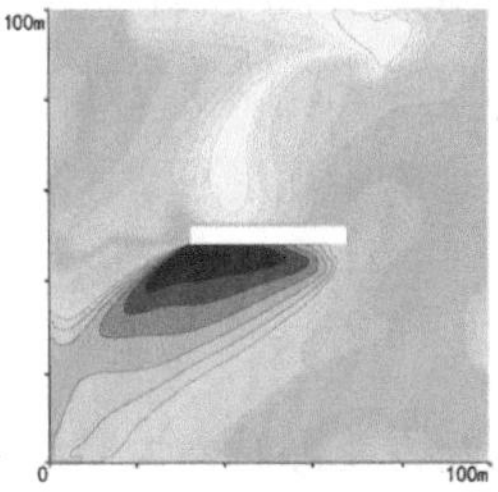	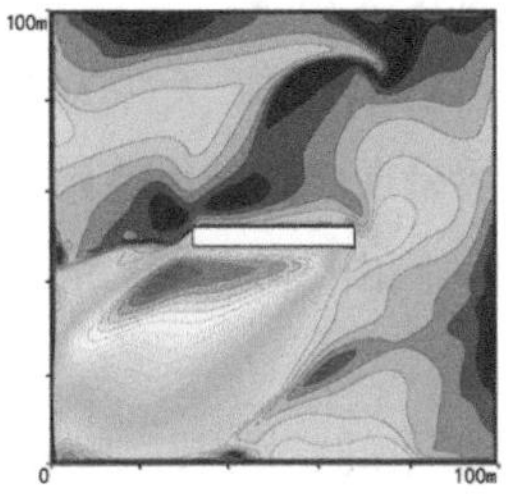	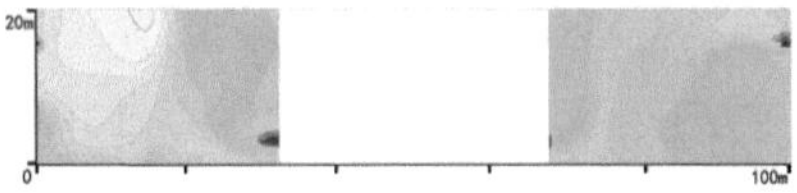
6:24	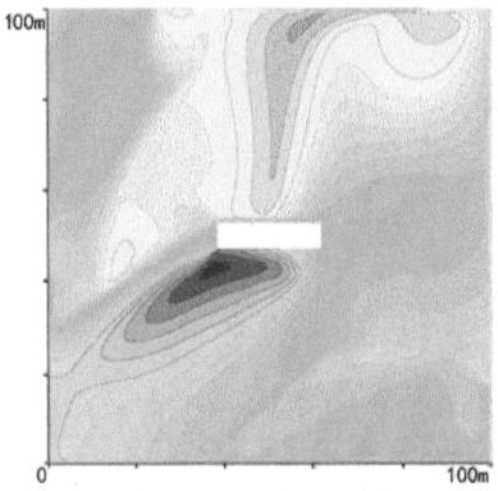	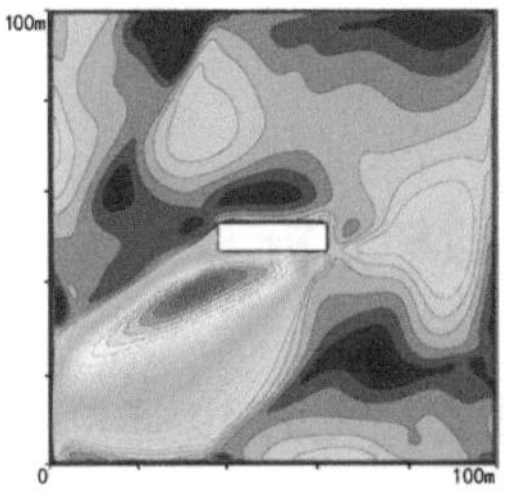	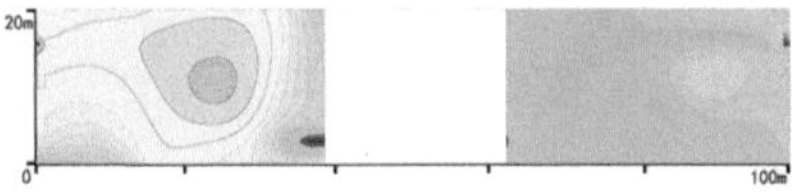
9:16	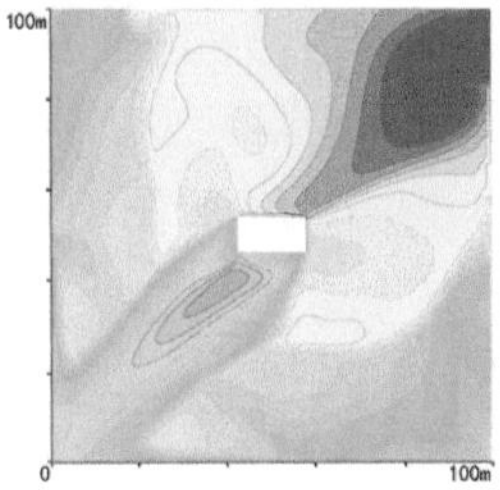	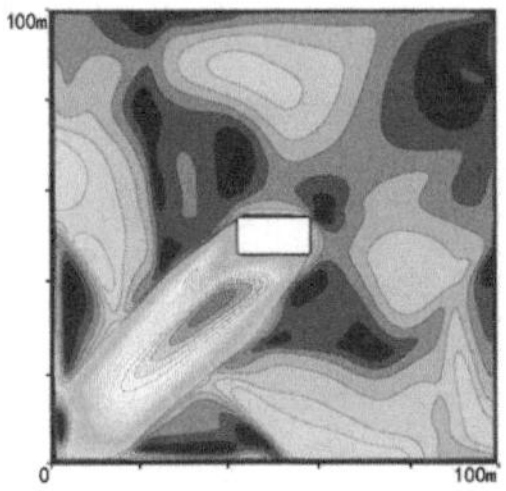	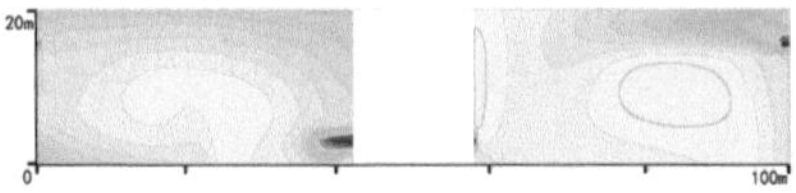
10:14.4	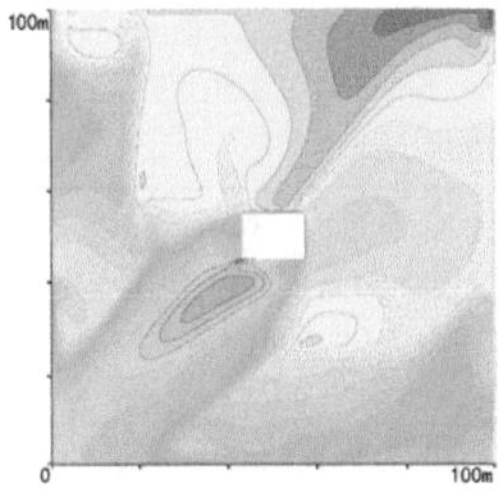	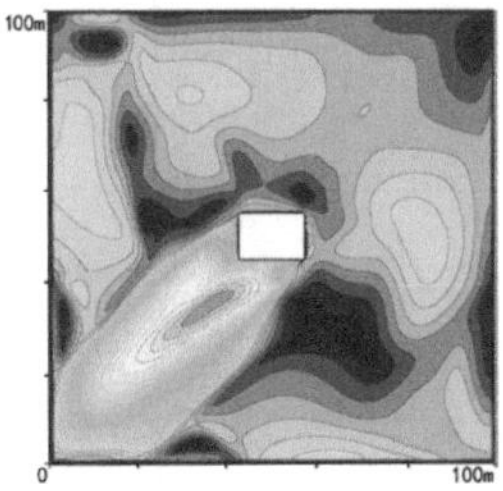	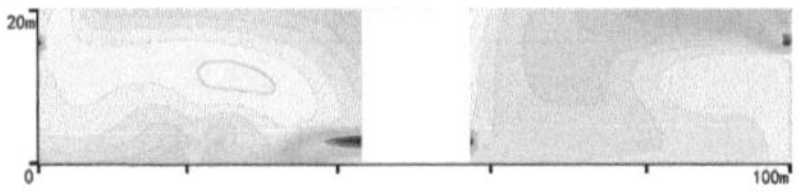
12:12	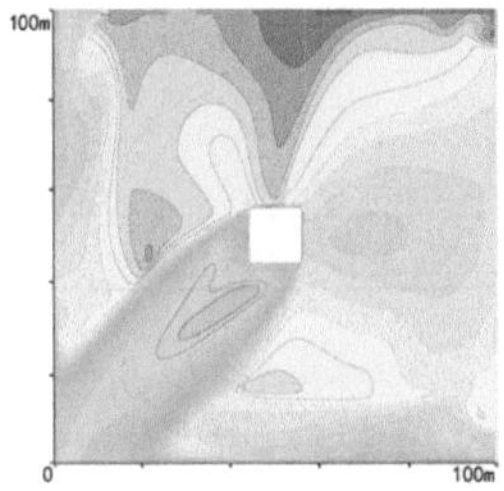	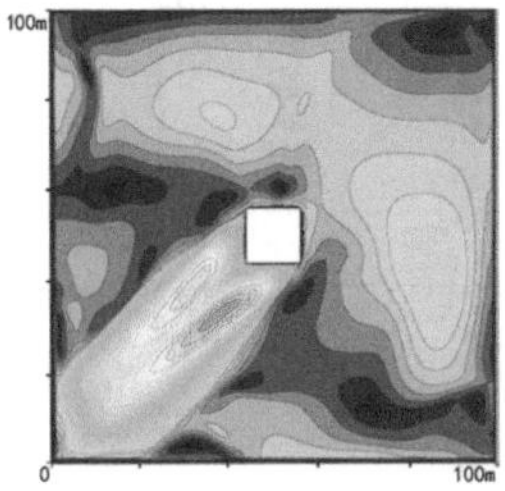	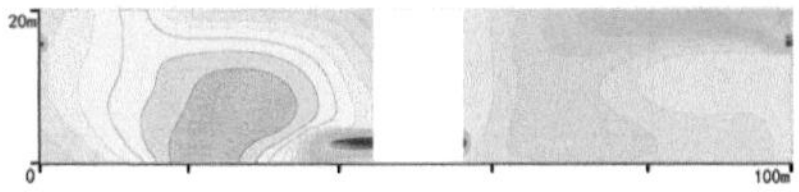

从大空间 1.5m 高度风速云图看，总体风速较无腔体工况有显著提高，均匀程度显著改善。天井背风侧大空间风速最高，可达 2.8m/s 左右；迎风侧大空间风速次之，两侧少部分区域风速最差，可降至 0.2m/s 以下。相比较而言，T_2 取值 4∶36 时，天井背风侧风速最大，迎风侧的低风速区面积适中，两侧低风速区最少；随着天井逐渐变方正，背风侧大空间风速变低，迎风侧低风速区域逐渐向天井两侧转移，天井为方形时迎风向风速较好。

从 XZ 轴剖面空气龄云图看，空气龄呈现单向变化趋势，随着 T_2 取值逐渐增大，天井逐渐变方正，天井两侧的空气龄逐渐升高，一侧由 500s 上升为 700s，另一侧由 700s 上升为 900s。

（4）天井腔体比例设计的建议

从 5 组模拟实验看，在天井面积相同的状况下，天井比例为线形时，大空间的风速、空气龄等舒适度指标较好。在大空间建筑的空间形态把握上，在可能的情况下，优选线形的比例，次选方形的比例。

3.4.3 天井侧面开口高度 T_3 模拟与分析

以 12m×12m 正方形天井为基本形态，天井四边通长开窗，窗口距地高度 1.0m，对天井侧面开窗高度 T_3 开展模拟研究。T_3 取值范围为 0.5～5.0m，变量间隔 0.5m，取值数量 10 个，依次输入基础实验模型。依次输出大空间 1.5m 高度平均空气龄 $K_{1.5}$、1.5m 高度平均风速 $V_{1.5}$、XZ 剖面平均空气龄 K_{XZ}、YZ 剖面平均空气龄 K_{YZ} 的数据（图 3-22），大空间 1.5m 高度的空气龄 $K_{1.5}$ 分布云图和风速 $V_{1.5}$ 分布云图、XZ 剖面空气龄 K_{XZ} 的分布云图（表 3-20）。

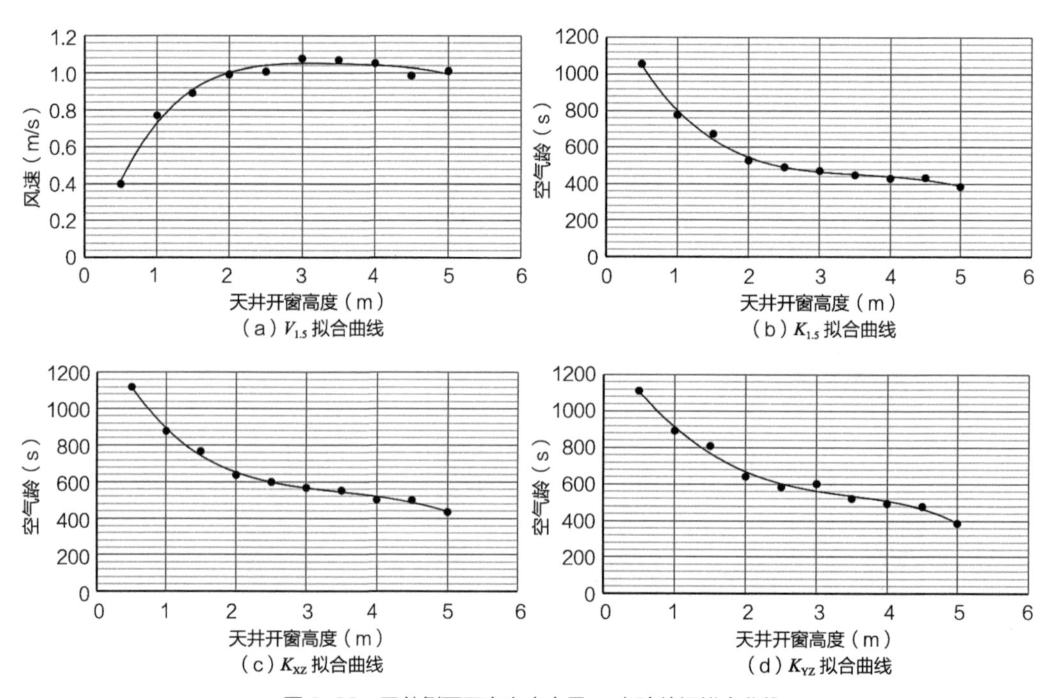

图 3-22　天井侧面开窗高度变量 T_3 实验数据拟合曲线

天井侧面开窗高度变量 T_3 实验数据分布云图　　　　表 3-20

T_3	$K_{1.5}$（s）分布云图 	$V_{1.5}$（m/s）分布云图 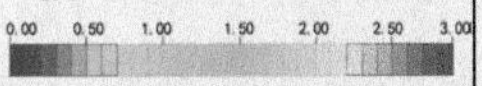	K_{XZ}（s）分布云图 
0.5	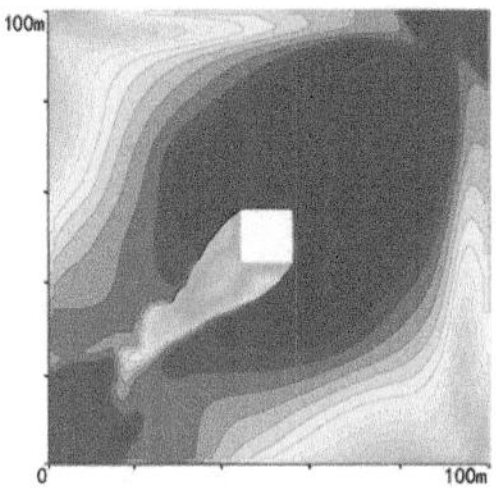	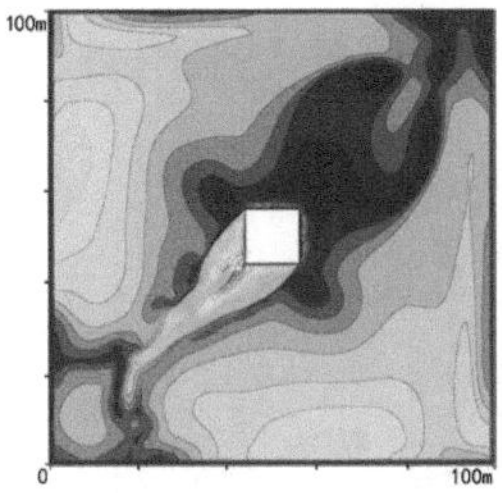	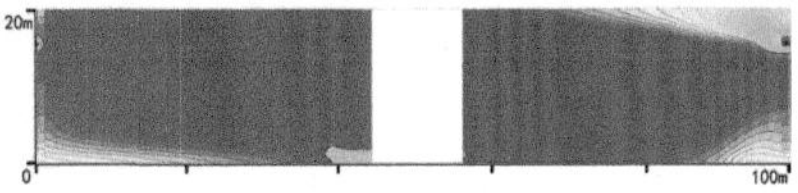
1.0	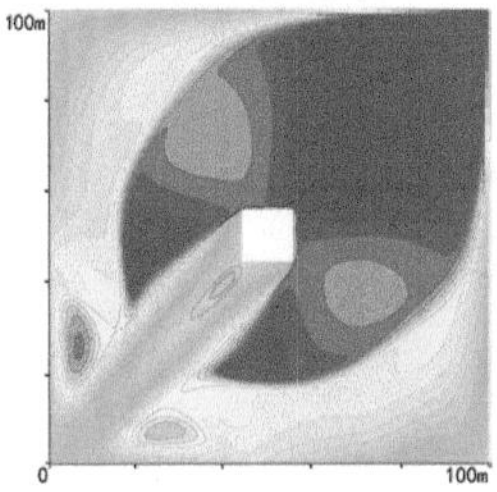	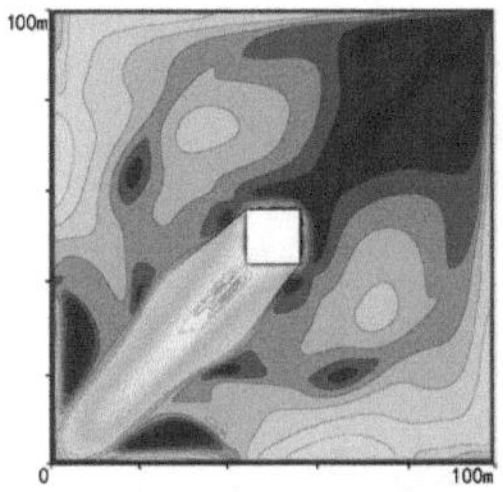	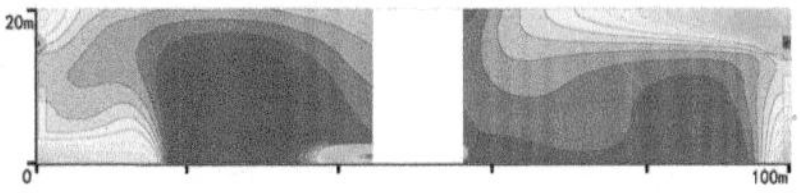
1.5	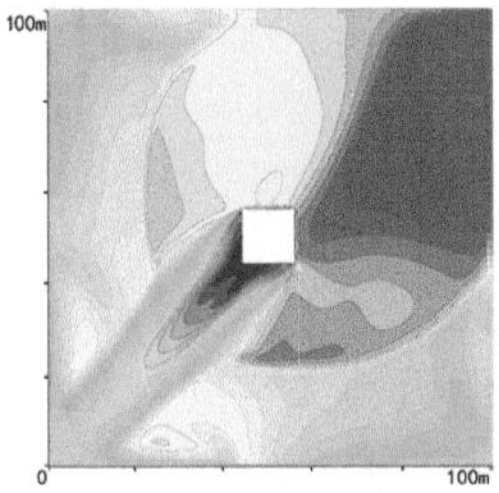	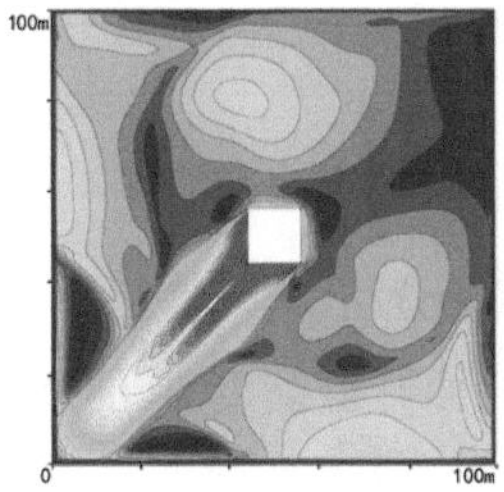	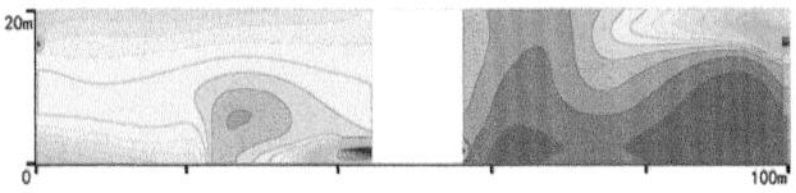
2.0	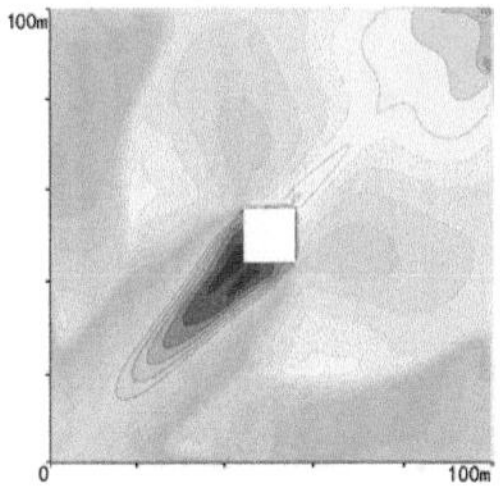	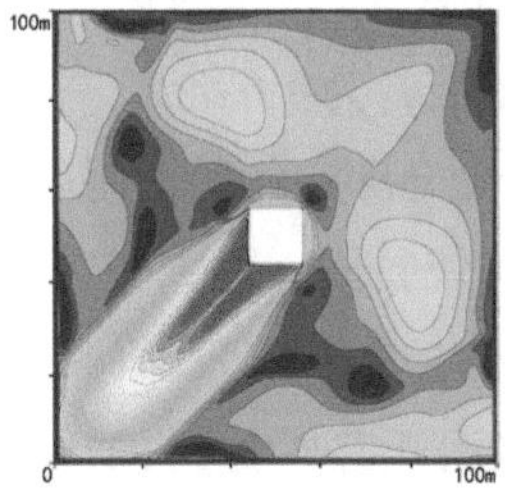	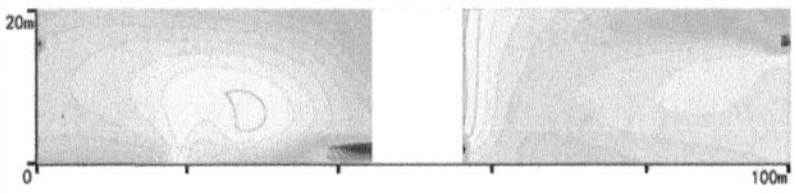
3.0	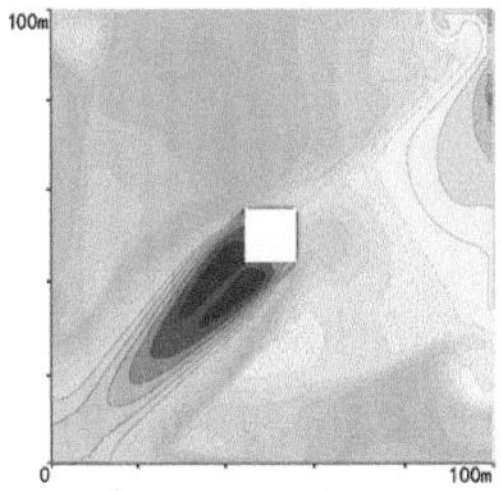	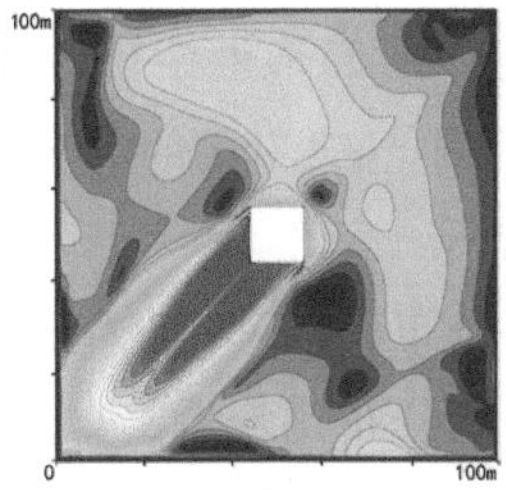	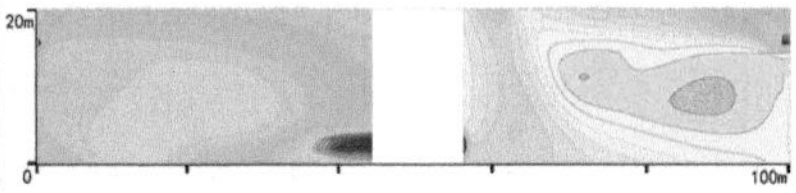

续表

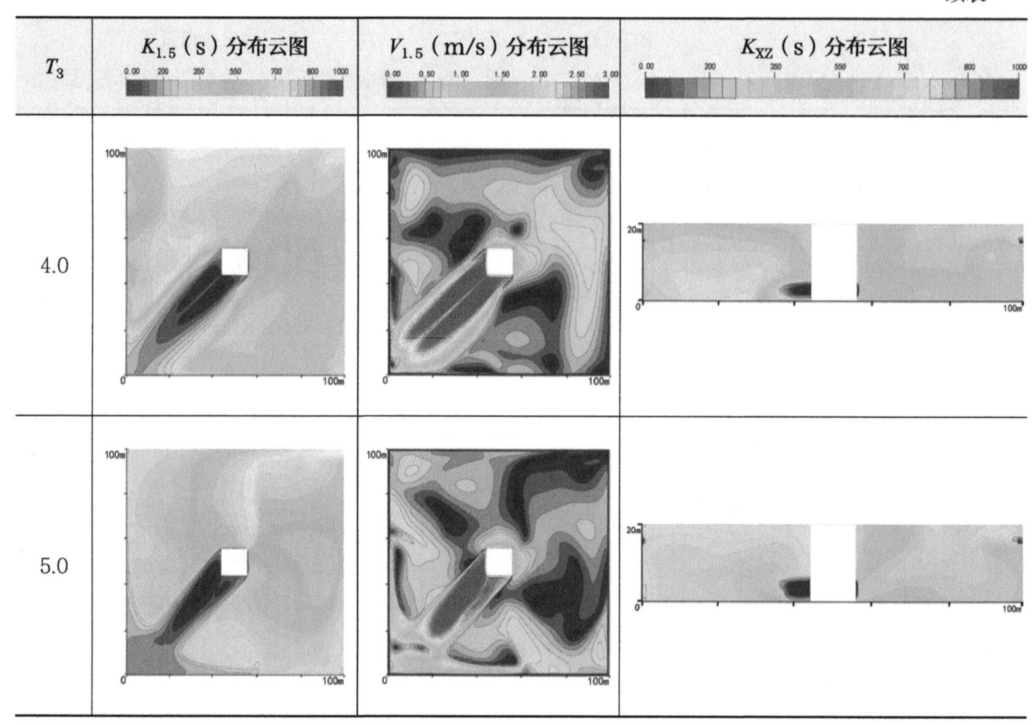

T_3	$K_{1.5}$（s）分布云图	$V_{1.5}$（m/s）分布云图	K_{XZ}（s）分布云图
4.0			
5.0			

模拟实验分析如下：

（1）大空间平面平均风速和空气龄分析

从拟合曲线趋势看，随着天井侧面开窗高度 T_3 的逐渐增大，大空间 1.5m 高度的平均风速显著提高后趋于平缓、小幅下降，1.5 高度平均空气龄先显著降低，后下降速度变缓。从通风数值看，当 T_3 取值 0.5m 时，平均风速最低，为 0.40m/s；平均空气龄最高，为 1056.4s。当 T_3 取值 3.0 时，风速最高，为 1.08m/s；平均空气龄为 471.0s。从通风效能看，T_3 取值在 0.5 ~ 3.0m 之间，风速提升和空气龄下降较显著；取值 3.0m 以上时，T_3 对大空间 1.5m 高度的风速、空气龄影响较弱。

（2）大空间剖面平均空气龄分析

从拟合曲线趋势看，随着天井侧面开窗高度 T_3 的逐渐增大，大空间 XZ、YZ 剖面平均空气龄均呈现持续下降状态。从通风数值看，XZ 剖面、YZ 剖面空气龄分别由 1112s、1120s 下降至 387s、435s。从通风效能看，T_3 取值在 0.5 ~ 3.0m 之间，空气龄下降较显著；取值 3.0m 以上时，T_3 对大空间 XZ 剖面、YZ 剖面的空气龄影响较弱。

（3）大空间风速、空气龄云图分析

从大空间 1.5m 高度空气龄云图分布看，天井迎风侧空气龄相对较高，背风侧空气龄显著降低，基本上在 300s 以下。从分布比较看，T_3 取值在 0.5m 和 1.0m 时，大空间上风向、近一半面积的区域，处于高空气龄状态，800s 以上；取值 1.5m 时，出现明显改善，空气龄 800s 以上区域减半；取值 2.0m 以上时，600～400s 空气龄区域逐渐占据主导。

从大空间 1.5m 高度风速云图分布看，天井迎风侧风速较低，在 1.0m/s 以下；背风侧风速较高，基本上在 1.6m/s 以上。从分布比较看，T_3 取值在 0.5～1.5m 之间时，天井上风侧 0.4m/s 区域较多；T_3 取值在 2.0m 以上时，0.4m/s 以下区域由上风侧向大空间两侧分散，区域面积缩小，逐渐分散；0.4～1.0m/s 风速的覆盖区域显著增多，成为大空间风速区域的主导。

从 XZ 剖面空气龄云图看，空气龄分布和变化规律基本同于 1.5m 高度的空气龄的云图，在 T_3 取值 2.0m 以上时，空气龄显著改善，由 800～900s 之间降至 400～600s 占主导。

（4）天井腔体侧面开口设计的建议

从 10 组模拟实验看，在天井面积相同的状况下，天井侧面开口越大，大空间的风速、空气龄等舒适度指标越优。在数值把控上，天井侧面开口高度不宜过低，2.0～3.0m 之间为优选高度。

3.4.4　天井侧面开口距地高度 T_4 模拟与分析

以 12m×12m 正方形天井为基本形态，天井四边通长开窗，窗口高度 2.0m，对天井侧面开窗距地高度 T_4 开展模拟研究。T_4 取值范围 0～5.0m，变量间隔 0.5m，取值数量 11 个，依次输入基础实验模型。依次输出大空间 1.5m 高度平均空气龄 $K_{1.5}$、1.5m 高度平均风速 $V_{1.5}$、XZ 剖面平均空气龄 K_{XZ}、YZ 剖面平均空气龄 K_{YZ} 的数据（图 3-23），大空间 1.5m 高度的空气龄 $K_{1.5}$ 分布云图和风速 $V_{1.5}$ 分布云图、XZ 剖面空气龄 K_{XZ} 的分布云图（表 3-21）。

模拟实验分析如下：

（1）大空间平面平均风速和空气龄分析

从拟合曲线趋势看，随着天井侧面开窗距地高度 T_4 的逐渐增大，大空间 1.5m 高度的平均风速小幅提高后持续下降、趋平，大空间 1.5m 高度的平均空气龄小幅降低后持续增大、趋平，二者变化趋势吻合度较高。从通风数值看，当 T_4 取值 1.0～1.5m 时，平均风速最高，为 0.97m/s 左右；平均空气龄最低，为 568.3～581.5s。当 T_4 取值 4.5m 时，风速最低，为 0.37m/s；平均空气龄最高，为 751.8s。从通风效能看，T_4 取值在 1.0～4.5m 之间，风速下降和空气龄提升较均匀，无明显差别。

（2）大空间剖面平均空气龄分析

从拟合曲线趋势看，随着天井侧面开窗距地高度 T_4 的逐渐增大，大空间 XZ、YZ 剖面平均空气龄保持基本平稳，无明显规律。从通风数值看，XZ 剖面空气龄在 653.0～731.9s 之间波动，YZ 剖面空气龄在 637.5～774.5s 之间波动，波幅较小。

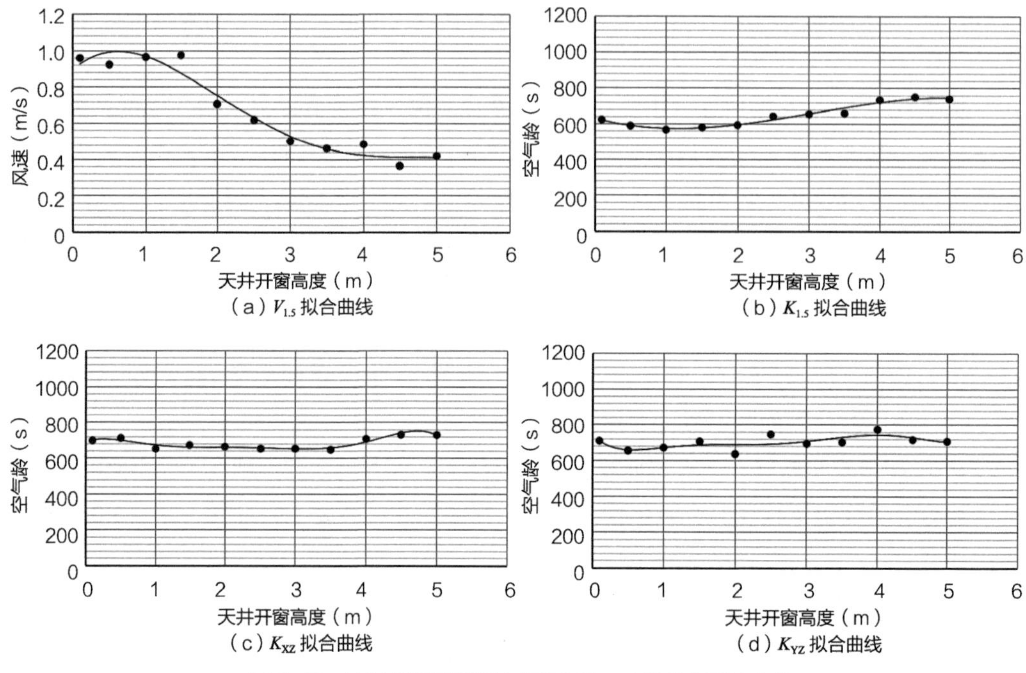

图 3-23　天井侧面开窗距地高度变量 T_4 实验数据拟合曲线

（3）大空间风速、空气龄云图分析

从大空间 1.5m 高度空气龄云图分布看，天井沿风矢量方向轴线空气龄变化较大，迎风侧局部区域空气龄较高，达 900s 以上；天井背风侧局部区域空气龄显著降低，在 300s 以下；天井两侧区域空气龄居中，变化幅度相对较弱。从分布云图的比较看，T_4 取值在 1.5m 时，天井上风侧 900s 以上空气龄区域降为最小，背风侧空气龄较 T_4 取值 0、0.5、1.0m 时有所升高，空间的空气龄均匀度最优；在 T_4 取值 1.5m 以上时，迎风侧空气龄升高幅度较大，背风侧空气龄降低幅度稍弱，大空间整体上空气龄的均匀度变差。

从大空间 1.5m 高度风速云图分布看，天井迎风侧风速较低，在 0.8m/s 以下；背风侧局部区域风速较高，基本上在 1.6m/s 以上。从分布比较看，T_4 取值在 1.5m 时，天井上风侧 0.8m/s 区域较多，低风速区域较少且分散；T_4 取值在 2.0m 以上时，低风速区域增多且有集中趋势，大空间整体风速均匀度变差。

从 XZ 剖面空气龄云图看，空气龄竖向分布变化不大，仅在 T_4 取值 4.0 ~ 5.0m 时，出现较多 800s 以上空气龄区域，其他取值时 500 ~ 700s 之间区域占主导。T_4 取值 1.0m 时，XZ 轴空气龄最优，在 400 ~ 600s 之间居多，均匀度较好。

（4）天井腔体侧面开口距地高度设计的建议

从 11 组模拟实验看，在天井面积和开窗相同的状况下，天井侧面开口距地高度宜取值 1.0 ~ 1.5m 之间。T_4 取值高出这一范围，风速和空气龄平均值和均匀度均变差；T_4 取值低于这一范围，即接近地面设置，也不利于大空间的自然通风。

天井侧面开窗距地高度变量 T_4 实验数据分布云图　　表 3-21

T_4	$K_{1.5}$（s）分布云图	$V_{1.5}$（m/s）分布云图	K_{XZ}（s）分布云图
0.1			
0.5			
1.0			
1.5			
2.5			

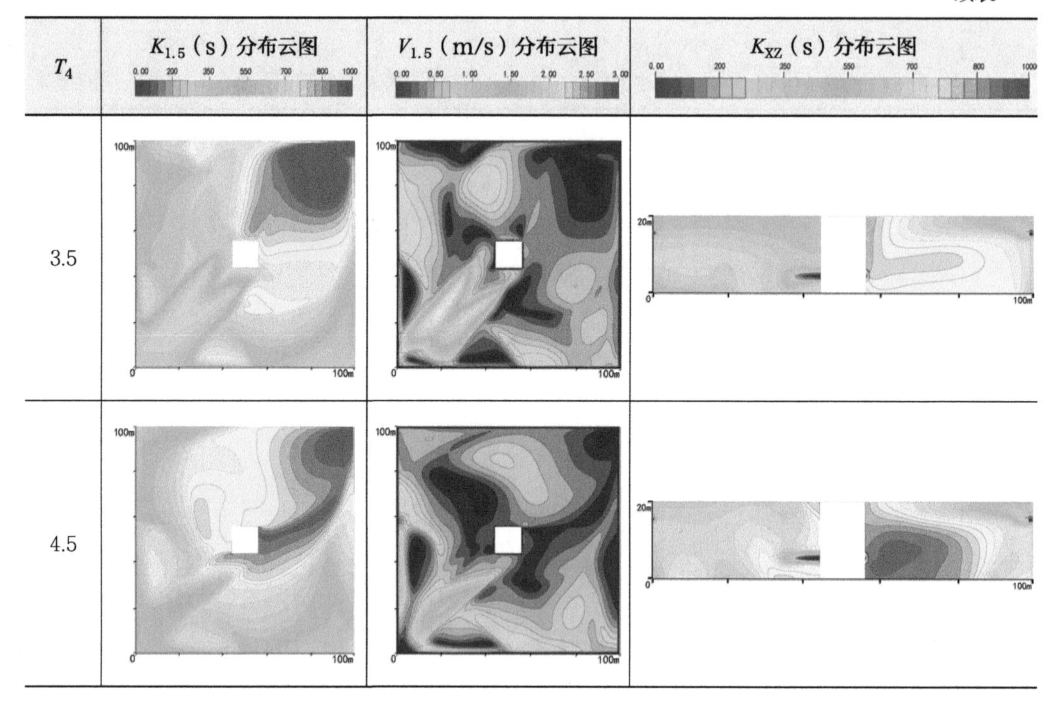

3.5 模拟实验结果的相关性分析

3.5.1 井道腔体模拟实验结果的相关性分析

井道腔体的模拟实验变量分别为腔体截面边长 J_1 和腔体高度 J_2，腔体上部开口宽度缩放系数 J_3 和高度 J_4、距屋面高度 J_5、腔体下部开口宽度缩放系数 J_6 和高度 J_7、距地高度 J_8。实验输出的评价指标主要有腔体屋面标高处风流量 L_{20}、大空间 1.5m 高度平面平均风速 $V_{1.5}$、1.5m 高度平面平均空气龄 $K_{1.5}$、XZ 截面平均风速 V_{XZ} 和 XZ 截面平均空气龄 K_{XZ}。

将井道腔的实验变量 $J_1 \sim J_8$ 的 8 组单变量实验，共 102 组实验数据，组成一组多变量实验数据组。为了进一步分析实验变量的内在关系，在 $J_1 \sim J_8$ 共 8 个实验变量作为自变量的基础上，引入二级自变量进行相关性分析，包括腔体截面积 J_{11}、腔体上部开口面积 J_{41}、腔体下部开口面积 J_{71}。由 8 个一级变量通过运算衍生出 3 个二级变量，见表 3-22。将一级变量和二级变量共 11 个变量作为相关性分析中的自变量，将腔体屋面标高处风流量 L_{20}、1.5m 高度平面平均空气龄 $K_{1.5}$、XZ 剖面平均风速 V_{XZ}、XZ 剖面平均空气龄 K_{XZ} 共 4 个评价指标作为因变量，对实验数据组进行相关性分析和显著性双尾检验，用来判断 11 个自变量的相关性显著程度和相关性强弱排序。

井道腔体变量关系　　表 3-22

一级变量	J_1	J_2	J_3	J_4	J_5	J_6	J_7	J_8
	井道腔体边长	井道腔体高度	井道腔体上部开口宽度缩放系数	井道腔体上部开口高度	井道腔体上部开口距屋面高度	井道腔体下部开口宽度缩放系数	井道腔体下部开口高度	井道腔体下部开口距地高度
二级变量	J_{11}			J_{41}		J_{71}		
	井道腔体面积			井道腔体上部开口面积		井道腔体下部开口面积		
描述	$J_{11}=J_1\times J_1$			$J_{41}=J_1\times J_3\times J_4$		$J_{71}=J_1\times J_6\times J_7$		

对 102 组井道腔体模拟实验数据，采取斯皮尔曼相关系数法计算各自变量与因变量的相关系数，对相关系数和显著性 Sig 值进行分析比对，揭示井道腔体的 11 个设计变量与 4 个评价指标的内在关联。

操作方式分三步：第一步是选定一对自变量和因变量，如 J_1 和 L_{20}，分析 J_1 和 L_{20} 的相关关系，导出斯皮尔曼相关系数；第二步是依次选取 J_2、J_3、J_4、J_5、J_6、J_7、J_8、J_{11}、J_{41}、J_{71} 作为自变量，逐一分析其与 L_{20} 的相关关系，对应导出 10 个斯皮尔曼相关系数；第三步是分别以 $K_{1.5}$、V_{XZ}、K_{XZ} 作为因变量，重复第一步、第二步做法，逐步完成 11 个自变量与 $K_{1.5}$、V_{XZ}、K_{XZ} 的相关性分析，导出相应的斯皮尔曼相关性系数，见表 3-23。

井道腔体相关性分析斯皮尔曼系数表　　表 3-23

因变量	相关系数	J_1	J_{11}	J_2	J_3	J_4	J_{41}	J_5	J_6	J_7	J_{71}	J_8
L_{20}	斯皮尔曼系数	0.458**	0.458**	0.103	0.423**	0.505**	0.812**	−0.149	0.400**	0.227*	0.623**	0.103
	Sig（双尾）	0.000	0.000	0.305	0.000	0.000	0.000	0.134	0.000	0.022	0.000	0.304
$K_{1.5}$	斯皮尔曼系数	−0.400**	−0.400**	−0.078	0.005	−0.140	−0.288**	0.143	0.262**	−0.097	−0.085	0.475**
	Sig（双尾）	0.000	0.000	0.433	0.960	0.161	0.003	0.151	0.008	0.332	0.398	0.000
K_{XZ}	斯皮尔曼系数	−0.360**	−0.360**	0.010	−0.038	−0.127	−0.285**	0.139	−0.053	−0.172	−0.318**	0.301**
	Sig（双尾）	0.000	0.000	0.918	0.705	0.204	0.004	0.164	0.596	0.083	0.001	0.002
V_{XZ}	斯皮尔曼系数	0.219*	0.219*	−0.047	0.089	−0.078	0.096	−0.127	0.341**	−0.031	0.317**	−0.163
	Sig（双尾）	0.027	0.027	0.639	0.376	0.438	0.337	0.204	0.000	0.755	0.001	0.102

注：* 代表显著性 Sig 值介于 0.01 ~ 0.05 之间；** 代表显著性 Sig 值低于 0.01。

（1）相关可信度分析

从斯皮尔曼相关系数表的显著性检验 Sig 值可以看出，J_1-L_{20}、J_{11}-L_{20}、J_3-L_{20}、J_4-L_{20}、J_{41}-L_{20}、J_6-L_{20}、J_{71}-L_{20}、J_1-$K_{1.5}$、J_{11}-$K_{1.5}$、J_{41}-$K_{1.5}$、J_6-$K_{1.5}$、J_8-$K_{1.5}$、J_1-K_{XZ}、J_{11}-K_{XZ}、J_{41}-K_{XZ}、J_{71}-K_{XZ}、J_8-K_{XZ}、J_6-V_{XZ}、J_{71}-V_{XZ} 的 Sig 值均低于 0.01，表明自变量和因变量之间的关联可信度水平大于 99%；J_7-L_{20}、J_1-V_{XZ}、J_{11}-V_{XZ} 的 Sig 值介于 0.01 ~ 0.05 之间，表明自变量和因变量之间的关联可信度水平大于 95%。从 Sig 值判断，上述 22 组变量为显著关联，可

进行相关性描述，其余22组自变量和因变量的Sig值均高于0.05，关联水平低，不可进行相关性描述。

（2）显著相关强度排序

从斯皮尔曼相关系数表看，J_{41}-L_{20}为极强相关，J_{71}-L_{20}为强相关，J_1-L_{20}、J_{11}-L_{20}、J_3-L_{20}、J_4-L_{20}、J_6-L_{20}、J_1-$K_{1.5}$、J_{11}-$K_{1.5}$、J_8-$K_{1.5}$为中等强度相关，J_7-L_{20}、J_{41}-$K_{1.5}$、J_6-$K_{1.5}$、J_1-K_{XZ}、J_{11}-K_{XZ}、J_{41}-K_{XZ}、J_{71}-K_{XZ}、J_8-K_{XZ}、J_1-V_{XZ}、J_{11}-V_{XZ}、J_6-V_{XZ}、J_{71}-V_{XZ}为弱相关。对斯皮尔曼相关系数表进行横向对比分析发现：

影响L_{20}的自变量相关强度排序为：J_{41}、J_{71}、J_4、J_{11}、J_1、J_3、J_6、J_7；

影响$K_{1.5}$的自变量相关强度排序为：J_8、J_{11}、J_1、J_{41}、J_6；

影响K_{XZ}的自变量相关强度排序为：J_{11}、J_1、J_{71}、J_8、J_{41}；

影响V_{XZ}的自变量相关强度排序为：J_6、J_{71}、J_{11}、J_1。

（3）显著相关数量分析

由表3-23可以看出：J_1、J_{11}、J_6、J_{41}、J_{71}对风速、风流量、空气龄都有较高强度排序的影响；J_3、J_4对风流量有较高强度排序的影响；J_8只对空气龄有较高强度排序的影响；J_7对风流量有较低强度排序的影响。因此，在井道腔体设计中应优先考虑J_1、J_{11}、J_6、J_{41}、J_{71}，其次是J_3、J_4，最后是J_7、J_8。

（4）显著相关正负分析

从斯皮尔曼相关系数的正负属性看，如图3-24所示：J_1、J_{11}、J_{41}、J_{71}对风流量均为正相关，随着自变量的变大，风流量增加；J_1、J_{11}、J_{41}、J_{71}对空气龄均为负相关，随着自变量的变大，平均空气龄降低；J_3、J_4、J_6、J_7对风流量均为正相关，随着自变量的变大，风流量增加；J_8对空气龄为正相关，随着自变量的变大，平均空气龄增加。因此从评价目标看，为了提高风流量，J_1、J_{11}、J_3、J_4、J_{41}、J_6、J_7、J_{71}的变化具有同向作用，可一并优先选择利用。为了降低空气龄，J_1、J_{11}、J_{41}、J_{71}的变化具有同向作用，可

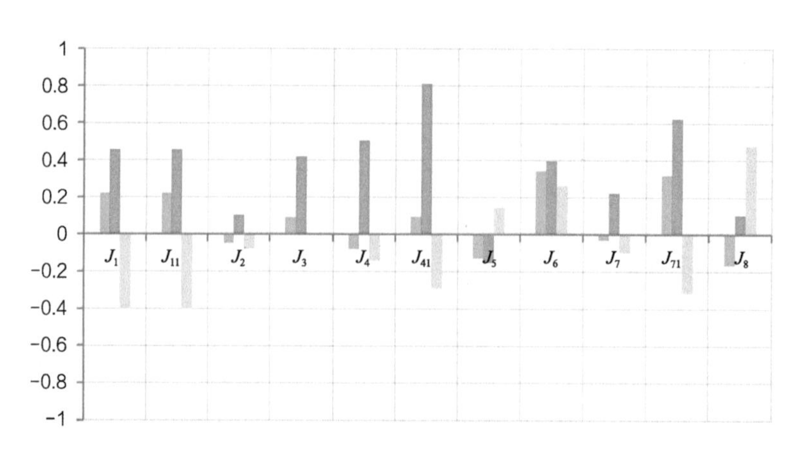

图3-24　井道腔体变量正负相关性分析图

一并优先选择利用；J_8 的变化对降低空气龄有反向作用，但影响较大，也应优先选择利用。

（5）相关性分析结论

根据以上对井道腔体 11 个变量的相关性分析可知，腔体截面面积、腔体上部开口面积和腔体下部开口面积，与风流量和空气龄的相关性显著且均为强相关和较强相关，其面积的增大对增加风流量、降低室内空气龄有明显作用。腔体下部开口距地高度与 1.5m 截面平均空气龄的相关性显著且为较强相关，其高度的降低对降低 1.5m 截面平均空气龄有明显作用。

在实际大空间内井道腔体设计中，腔体截面尺度对腔体风流量和室内整体空气龄影响显著，需在方案设计阶段予以重点考虑，结合空间设计进行先行选定；腔体下部开口面积和上部开口面积对腔体风流量和室内整体空气龄影响显著，需在腔体形态和尺度确定的基础上，在方案深化阶段确定合理取值；腔体下部开口距地高度对人体活动高度空气龄影响显著，需在确定腔体形态尺度和开口面积的基础上，在腔体施工图设计阶段予以考虑。

3.5.2 中庭腔体模拟实验结果的相关性分析

中庭腔体的模拟实验变量分别为中庭腔体 X 轴向边长 Z_1、中庭腔体顶部开口面积缩放系数 Z_2、中庭腔体侧面开口高度 Z_3 和距地高度 Z_4、中庭腔体平面比例 Z_5。实验输出的评价指标主要有中庭屋面标高处风流量 L_{20}、大空间 1.5m 高度平面平均风速 $V_{1.5}$ 和平均空气龄 $K_{1.5}$、XZ 剖面平均空气龄 K_{XZ} 和 YZ 剖面平均空气龄 K_{YZ}。

将中庭腔体的实验变量 $Z_1 \sim Z_5$ 的 5 组单变量实验，共 40 组实验数据，组成一组多变量实验数据组。为了进一步分析实验变量的内在关系，在 $Z_1 \sim Z_5$ 共 5 个实验变量作为自变量的基础上，引入二级自变量进行相关性分析，包括中庭面积 Z_{15}、中庭 Y 轴向边长 Z_{11}、中庭顶开口面积 Z_{21}、中庭 X 轴向侧面开口面积 Z_{31}、中庭 Y 轴向侧面开口面积 Z_{35}。由 5 个一级变量通过运算衍生出 5 个二级变量，见表 3-24。将一级变量和二级变量共 10 个变量作为相关性分析中的自变量，将中庭屋面标高处风流量 L_{20}、大空间 1.5m 高度平面平均风速 $V_{1.5}$ 和平均空气龄 $K_{1.5}$、XZ 剖面平均空气龄 K_{XZ} 和 YZ 剖面平均空气龄 K_{YZ}，共 5 个评价指标作为因变量，对实验数据组进行相关性分析和显著性双尾检验，用来判断 10 个自变量的相关性显著程度和相关性强弱排序。

中庭腔体变量关系　　表 3-24

一级变量	Z_1	Z_5	Z_2	Z_3	Z_4
	中庭腔体 X 轴边长	中庭腔体平面比例	中庭腔体顶部开口面积缩放系数	中庭腔体侧面开口高度	中庭腔体侧面开口距地高度

续表

二级变量	Z_{11}	Z_{15}	Z_{21}	Z_{31}	Z_{35}
	中庭腔体 *Y* 轴边长	中庭腔体面积	中庭腔体顶部开口面积	中庭腔体 *X* 轴侧面开口面积	中庭腔体 *Y* 轴侧面开口面积
描述	$Z_5=Z_1/Z_{11}$	$Z_{15}=Z_1\times Z_5$	$Z_{21}=Z_1\times Z_5\times Z_2$	$Z_{31}=Z_3\times Z_1$	$Z_{35}=Z_3\times Z_5$

对 40 组中庭腔体模拟实验数据，采取斯皮尔曼相关系数法计算各自变量与因变量的相关系数，对相关系数和显著性 Sig 值进行分析比对，揭示天井腔体的 10 个设计变量与 5 个评价指标的内在关联。

操作方式分三步：第一步是选定一对自变量和因变量，如 Z_1 和 L_{20}，分析 Z_1 和 L_{20} 的相关关系，导出斯皮尔曼相关系数；第二步是依次选取 Z_2、Z_3、Z_4、Z_5、Z_{11}、Z_{15}、Z_{21}、Z_{31}、Z_{35} 作为自变量，逐一分析其与 L_{20} 的相关关系，对应导出 9 个斯皮尔曼相关系数；第三步是分别以 $V_{1.5}$、$K_{1.5}$、K_{XZ}、K_{YZ} 作为因变量，重复第一步、第二步做法，逐步完成 10 个自变量与 $V_{1.5}$、$K_{1.5}$、K_{XZ}、K_{YZ} 的相关性分析，导出相应的斯皮尔曼相关性系数，见表 3-25。

中庭腔体相关性分析斯皮尔曼系数表　　表 3-25

因变量	相关系数	Z_1	Z_{11}	Z_5	Z_{15}	Z_2	Z_{21}	Z_3	Z_{31}	Z_{35}	Z_4
L_{20}	斯皮尔曼系数	0.460**	0.759**	−0.297	0.726**	0.030	0.612**	0.323*	0.582**	0.791**	0.068
	Sig（双尾）	0.002	0.000	0.056	0.000	0.851	0.000	0.037	0.000	0.000	0.670
$V_{1.5}$	斯皮尔曼系数	0.204	−0.193	0.383*	−0.051	0.179	0.074	−0.551**	−0.225	−0.484**	−0.287
	Sig（双尾）	0.196	0.221	0.012	0.751	0.257	0.639	0.000	0.153	0.001	0.065
$K_{1.5}$	斯皮尔曼系数	−0.317**	−0.051	−0.258	−0.174	−0.025	−0.149	0.387*	0.030	0.193	0.385*
	Sig（双尾）	0.041	0.749	0.099	0.272	0.873	0.348	0.011	0.852	0.220	0.012
K_{XZ}	斯皮尔曼系数	−0.589**	−0.309*	−0.257	−0.473*	−0.260	−0.544**	0.207	−0.320*	−0.120	0.309*
	Sig（双尾）	0.000	0.046	0.101	0.002	0.096	0.000	0.188	0.039	0.447	0.046
K_{YZ}	斯皮尔曼系数	−0.571**	−0.338*	−0.226	−0.494**	−0.328*	−0.606**	0.001	−0.445**	−0.272	0.208
	Sig（双尾）	0.000	0.028	0.150	0.001	0.034	0.000	0.993	0.003	0.082	0.185

注：* 代表显著性 Sig 值介于 0.01～0.05 之间；** 代表显著性 Sig 值低于 0.01。

（1）相关可信度分析

从斯皮尔曼相关系数表的显著性检验 Sig 值可以看出，Z_1-L_{20}、Z_{11}-L_{20}、Z_{15}-L_{20}、Z_{21}-L_{20}、Z_{31}-L_{20}、Z_{35}-L_{20}、Z_3-$V_{1.5}$、Z_{35}-$V_{1.5}$、Z_1-K_{XZ}、Z_{15}-K_{XZ}、Z_{21}-K_{XZ}、Z_1-K_{YZ}、Z_{15}-K_{YZ}、Z_{21}-K_{YZ}、Z_{31}-K_{YZ} 的 Sig 值均低于 0.01，表明自变量和因变量之间的关联可信度水平大于 99%，Z_3-L_{20}、Z_5-$V_{1.5}$、Z_1-$K_{1.5}$、Z_3-$K_{1.5}$、Z_4-$K_{1.5}$、Z_{11}-K_{XZ}、Z_{31}-K_{XZ}、Z_4-K_{XZ}、Z_{11}-K_{YZ}、Z_2-K_{YZ} 的 Sig

值均介于 0.01 ~ 0.05 之间，表明自变量和因变量之间的关联可信度水平大于 95%。从 Sig 值判断，上述 25 组变量为显著关联，可进行相关性描述，其余 25 组自变量和因变量的 Sig 值均高于 0.05，关联水平低，不可进行相关性描述。

（2）显著相关强度排序

从斯皮尔曼相关系数表看，Z_{11}-L_{20}、Z_{15}-L_{20}、Z_{21}-L_{20}、Z_{35}-L_{20}、Z_{21}-K_{YZ} 为强相关，Z_1-L_{20}、Z_{31}-L_{20}、Z_3-$V_{1.5}$、Z_{35}-$V_{1.5}$、Z_1-K_{XZ}、Z_{15}-K_{XZ}、Z_{21}-K_{XZ}、Z_1-K_{YZ}、Z_{15}-K_{YZ}、Z_{31}-K_{YZ} 为中等强度相关，Z_3-L_{20}、Z_5-$V_{1.5}$、Z_1-$K_{1.5}$、Z_3-$K_{1.5}$、Z_4-$K_{1.5}$、Z_{11}-K_{XZ}、Z_{31}-K_{XZ}、Z_4-K_{XZ}、Z_{11}-K_{YZ}、Z_2-K_{YZ} 为弱相关。对斯皮尔曼相关系数表进行横向对比分析发现：

影响 L_{20} 的自变量相关强度排序为：Z_{35}、Z_{11}、Z_{15}、Z_{21}、Z_{31}、Z_1、Z_3；

影响 $V_{1.5}$ 的自变量相关强度排序为：Z_3、Z_{35}、Z_5；

影响 $K_{1.5}$ 的自变量相关强度排序为：Z_3、Z_4、Z_1；

影响 K_{XZ} 的自变量相关强度排序为：Z_1、Z_{21}、Z_{15}、Z_{31}、Z_{11}、Z_4；

影响 K_{YZ} 的自变量相关强度排序为：Z_{21}、Z_1、Z_{15}、Z_{31}、Z_{11}、Z_2。

（3）显著相关数量分析

由表 3-25 可以看出：Z_1、Z_{11}、Z_{15}、Z_{21}、Z_{31} 对风流量和空气龄均有较高强度排序的影响；Z_3、Z_{35} 对风速和风流量有较高强度排序的影响；Z_4 只对空气龄有较低强度排序的影响。因此，在中庭腔体设计中应优先考虑 Z_1、Z_{11}、Z_{15}、Z_{21}，其次是 Z_3、Z_{31}、Z_{35}，最后是 Z_4。

（4）显著相关正负分析

从斯皮尔曼相关系数的正负属性看，如图 3-25，Z_1、Z_{11}、Z_{15}、Z_{21}、Z_3、Z_{31}、Z_{35} 对 L_{20} 均为正相关，随着自变量的变大，风流量增加，同时 Z_1、Z_{11}、Z_{15}、Z_{21}、Z_{31} 对空气龄均为负相关，随着自变量的变大，平均空气龄降低；Z_4 对空气龄为正相关，随着自变量的变大，平均空气龄增高。因此从评价目标看，为了提高风流量，Z_1、Z_{11}、Z_{15}、Z_{21}、Z_3、

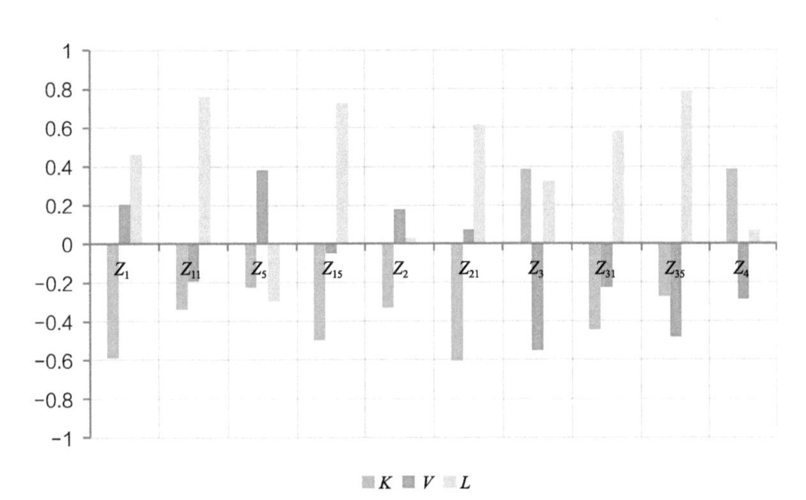

图 3-25　中庭腔体变量正负相关性分析图

Z_{31}、Z_{35} 的变化具有同向作用，可一并优先选择利用。为了降低空气龄，Z_1、Z_{11}、Z_{15}、Z_2、Z_{21}、Z_{31} 的变化具有同向作用，可一并优先选择利用；Z_4 的变化对降低空气龄有反向作用，但影响较大，也应优先选择利用。

（5）相关性分析结论

根据以上对中庭腔体 10 个变量的相关性分析可知，中庭截面面积、中庭顶部开口面积和中庭室内侧开口面积与风流量和空气龄的相关性显著且均为强相关和较强相关，其面积的增大对增加风流量、降低室内空气龄有明显作用。中庭室内侧开口距地高度与 1.5m 截面平均空气龄的相关性显著且为较强相关，其高度的降低对降低 1.5m 截面平均空气龄有明显作用。

在实际大空间内中庭腔体的设计中，中庭截面尺度对中庭风流量和室内整体空气龄影响显著，需在方案设计阶段予以重点考虑，结合空间设计先行选定；中庭顶部开口和室内开口对腔体风流量和室内整体空气龄影响显著，需在中庭形态和尺度确定的基础上，在方案深化阶段确定合理取值；中庭室内开口距地高度对人体活动高度空气龄影响显著，需在确定中庭形态尺度和开口面积的基础上，在腔体施工图设计阶段予以考虑。

3.5.3 天井腔体模拟实验结果的相关性分析

天井腔体的模拟实验变量分别为天井腔体 X 轴边长 T_1、天井腔体平面比例 T_2、天井腔体侧面开口高度 T_3 和距地高度 T_4。实验输出的评价指标主要有大空间 1.5m 高度平面平均风速 $V_{1.5}$ 和平均空气龄 $K_{1.5}$、XZ 剖面平均空气龄 K_{XZ}、YZ 剖面平均空气龄 K_{YZ}。

将天井腔体的实验变量 $T_1 \sim T_4$ 的四组单变量实验，共 40 组实验数据，组成一组多变量实验数据组。为了进一步分析实验变量的内在关系，在 $T_1 \sim T_4$ 共 4 个实验变量作为自变量的基础上，引入二级自变量进行相关性分析，包括天井面积 T_{12}、天井 Y 轴向边长 T_{11}、天井 X 轴向开口面积 T_{31}、天井 Y 轴向开口面积 T_{32}。由 4 个一级变量通过运算衍生出 4 个二级变量，见表 3-26。将一级变量和二级变量共 8 个变量作为相关性分析中的自变量，将大空间 1.5m 高度平面平均风速 $V_{1.5}$ 和平均空气龄 $K_{1.5}$、XZ 截面平均空气龄 K_{XZ}、YZ 截面平均空气龄 K_{YZ}，共 4 个评价指标作为因变量，对实验数据组进行相关性分析和显著性双尾检验，用来判断 8 个自变量的相关性显著程度和相关性强弱排序。

天井腔体变量关系　　表 3-26

一级变量	T_1	T_2	T_3	T_4
	天井腔体 X 轴边长	天井腔体平面比例	天井腔体侧面开口高度	天井腔体侧面开口距地高度

续表

二级变量	T_{11}	T_{12}	T_{31}	T_{32}
	天井腔体 Y 轴边长	天井腔体面积	天井腔体 X 轴侧面开口面积	天井腔体 Y 轴侧面开口面积
描述	$T_2=T_1/T_{11}$	$T_{12}=T_1\times T_2$	$T_{31}=T_3\times T_1$	$T_{32}=T_3\times T_2$

对40组天井腔体模拟实验数据，采取斯皮尔曼相关系数法计算各自变量与因变量的相关系数，对相关系数和显著性Sig值进行分析比对，揭示天井腔体的8个设计变量与4个评价指标的内在关联。

操作方式分三步：第一步是选定一对自变量和因变量，如 T_1 和 $V_{1.5}$，分析 T_1 和 $V_{1.5}$ 的相关关系，导出斯皮尔曼相关系数；第二步是依次选取 T_2、T_3、T_4、T_{11}、T_{12}、T_{31}、T_{32} 作为自变量，逐一分析其与 $V_{1.5}$ 的相关关系，对应导出7个斯皮尔曼相关系数；第三步是分别以 $K_{1.5}$、K_{XZ}、K_{YZ} 作为因变量，重复第一步、第二步做法，逐步完成8个自变量与 $K_{1.5}$、K_{XZ}、K_{YZ} 的相关性分析，导出相应的斯皮尔曼相关性系数，见表3-27。

天井腔体相关性分析斯皮尔曼系数表 表3-27

因变量	相关系数	T_1	T_{11}	T_2	T_{12}	T_3	T_{31}	T_{32}	T_4
$V_{1.5}$	斯皮尔曼系数	0.059	0.121	−0.085	0.138	0.525**	0.442**	0.431**	−0.756**
	Sig（双尾）	0.719	0.463	0.605	0.400	0.001	0.005	0.006	0.000
$K_{1.5}$	斯皮尔曼系数	−0.596**	−0.536**	0.029	−0.649**	−0.528**	−0.866**	−0.777**	0.243
	Sig（双尾）	0.000	0.000	0.862	0.000	0.001	0.000	0.000	0.137
K_{XZ}	斯皮尔曼系数	−0.687**	−0.586**	−0.025	−0.717**	−0.508**	−0.904**	−0.801**	0.004
	Sig（双尾）	0.000	0.000	−0.025	0.000	0.001	0.000	0.000	0.982
K_{YZ}	斯皮尔曼系数	−0.625**	−0.635**	0.092	−0.727**	−0.503**	−0.858**	−0.832**	0.090
	Sig（双尾）	0.000	0.000	0.576	0.000	0.001	0.000	0.000	0.587

注：* 代表显著性 Sig 值介于 0.01～0.05 之间；** 代表显著性 Sig 值低于 0.01。

（1）相关可信度分析

从斯皮尔曼相关系数表的显著性检验Sig值可以看出，T_1、T_{11}、T_{12}、T_3、T_{31}、T_{32} 与 $K_{1.5}$、K_{XZ}、K_{YZ} 的Sig值和 T_3、T_{31}、T_{32}、T_4 与 $V_{1.5}$ 的Sig值均低于0.01，表明自变量和因变量之间的关联可信度水平大于99%。从Sig值判断，上述22组变量为显著关联，可进行相关性描述，其10组自变量和因变量的Sig值均高于0.05，关联水平低，不可进行相关性描述。

（2）显著相关强度排序

从斯皮尔曼相关系数表看，T_{31}-$K_{1.5}$、T_{31}-K_{XZ}、T_{32}-K_{XZ}、T_{31}-K_{YZ}、T_{32}-K_{YZ} 为极强相关，T_4-$V_{1.5}$、T_{12}-$K_{1.5}$、T_{32}-$K_{1.5}$、T_1-K_{XZ}、T_{12}-K_{XZ}、T_1-K_{YZ}、T_{11}-K_{YZ}、T_{12}-K_{YZ} 为强相关，T_3-$V_{1.5}$、T_{31}-$V_{1.5}$、T_{32}-$V_{1.5}$、T_1-$K_{1.5}$、T_{11}-$K_{1.5}$、T_3-$K_{1.5}$、T_{11}-K_{XZ}、T_3-K_{XZ}、T_3-K_{YZ} 为中等强度相关。对斯皮尔曼相关系数表进行横向对比分析发现：

影响 $V_{1.5}$ 的自变量相关强度排序为：T_4、T_3、T_{31}、T_{32}；

影响 $K_{1.5}$ 的自变量相关强度排序为：T_{31}、T_{32}、T_{12}、T_1、T_{11}、T_3；

影响 K_{YZ} 的自变量相关强度排序为：T_{31}、T_{32}、T_{12}、T_{11}、T_1、T_3；

影响 K_{XZ} 的自变量相关强度排序为：T_{31}、T_{32}、T_{12}、T_1、T_{11}、T_3。

（3）显著相关数量分析

由表 3-26 可以看出：T_3、T_{31}、T_{32} 对风速、空气龄都有较高强度排序的影响；T_1、T_{11}、T_{12} 对空气龄有较高强度排序的影响；T_4 只对风速有较高强度排序的影响。因此，在天井腔体设计中应优先考虑 T_3、T_{31}、T_{32}，其次是 T_1、T_{11}、T_{12}，最后是 T_4。

（4）显著相关正负分析

从斯皮尔曼相关系数的正负属性看，如图 3-26 所示：T_3、T_{31}、T_{32} 对 $V_{1.5}$ 均为正相关，随着自变量的变大，平均风速增高；T_3、T_{31}、T_{32} 对空气龄均为负相关，随着自变量的变大，平均空气龄降低；T_1、T_{11}、T_{12} 对空气龄均为负相关，随着自变量的变大，平均空气龄降低。因此从评价目标看，为了降低空气龄，T_1、T_{11}、T_{12}、T_3、T_{31}、T_{32} 的变化具有同向作用，可一并优先选择利用。为了提高室内风速，T_3、T_{31}、T_{32} 的变化具有同向作用，可一并优先选择利用；T_4 的变化对提高风速有反向作用，但影响较大，也应优先选择利用。

（5）相关性分析结论

根据以上对天井腔体 8 个变量的相关性分析可知，天井截面面积、天井侧面开口面

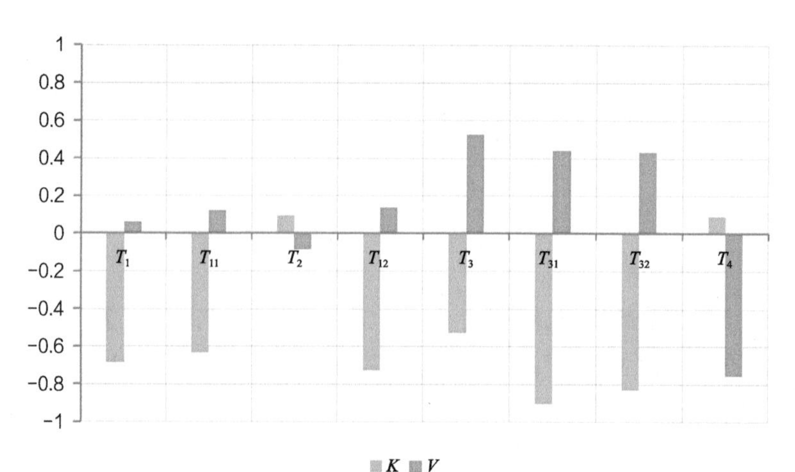

图 3-26　天井腔体变量正负相关性分析图

积与风速、空气龄的相关性显著且均为强相关和较强相关，其面积的增大对提高风速、降低室内空气龄有明显作用。天井侧面开口距地高度与 1.5m 截面平均风速的相关性显著且为强相关，其高度的降低对提高 1.5m 截面平均风速有明显作用。

在实际大空间内天井腔体设计中，天井截面尺度对室内风速和整体空气龄影响显著，需在方案设计阶段予以重点考虑，结合空间设计进行先行选定；天井侧面开口面积对室内风速和整体空气龄影响显著，需在天井形态和尺度确定的基础上，在方案深化阶段确定合理取值；天井侧面开口距地高度对人体活动高度风速影响显著，需在确定天井形态尺度和开口面积的基础上，在施工图设计阶段予以考虑。

本章图表来源：

本章出现的图表均为作者自绘。

第4章

大空间建筑的腔体植入策略

竖向腔体作为热压驱动作用的主要来源，是方案阶段建筑师通过空间组织实现环境调控的关键环节，可以从传统和现代建筑中寻找适合的原型。当前，随着以大进深、大空间为主要特征的大型公共建筑在城市中的涌现，国内外针对腔体空间在建筑物理环境调控中的生态效能已经展开了广泛的探索。本节重点论述大空间建筑中的腔体应用策略，在充分考虑大空间功能和尺度特性的基础上，结合 2.3 节中有关腔体类型的划分方式，提取井道腔、中庭腔和天井腔作为三种基本的腔体植入类型。同时，依据腔体在大空间建筑中潜在的布局方式，提出周边腔的并置式植入、内置腔的嵌入式植入及复合腔的协同式植入三类腔体植入策略，并结合工程案例详细论述各类策略在大空间建筑实践中的应用。

4.1　周边腔的并置式植入

在周边式的布局方式中，腔体沿大空间的长边均匀布置，不介入大空间建筑内部。腔体周边式的植入方式有利于保持大空间的完整性，但气流需跨越大空间进深跨度，导致通风路径较长，多适用于统一无柱的大空间。不同形态类型的腔体在尺度方面存在差异：井道腔在大空间周边呈点状的并置状态，中庭腔在大空间周边多呈线性并置状态，天井腔在大空间周边则呈分段式并置状态。

4.1.1　井道腔的点状并置

通过在大空间建筑周边并列布置竖向井道，可以构建跨越进深方向的气流运动路径。由于大空间建筑平面尺度巨大，为了形成均匀的自然通风，多个井道腔在大空间周边通常呈现点状的均匀并置状态。如图 4-1 所示，室外气流从大空间建筑一侧进入室内，在流经人员活动区域的过程中温度逐渐升高，最终在热压作用的驱动下由通风井道排至室外。

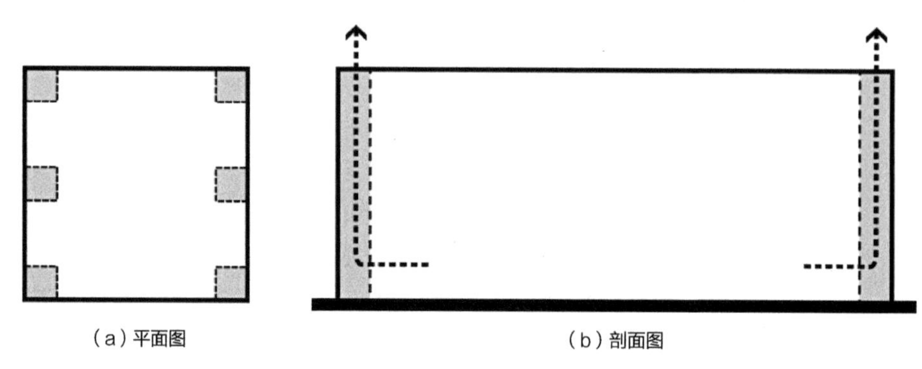
（a）平面图　　（b）剖面图

图 4-1　井道腔的点状并置

在天津大学新校区综合体育馆的设计中，为了在有限的校园用地内营造更多的运动空间，大空间运动厅采用了竖向层叠的紧凑布局方式。在高校体育场馆日常低成本运维的要求下，为了尽量压缩空调系统的运行能耗，建筑内部精心构建了一套自然通风系统。① 上层运动厅利用运动空间地面上的“通风活门”和可开启高窗进行自然通风。对于下层运动厅，为了构建气流运动的连续路径，在保证运动空间完整的前提下，沿运动厅纵深方向布置一系列通风井道（图 4-2）。在夏季和过渡季，外窗开启，新鲜的室外空气从底部进入建筑，气流沿空间底部水平向运动，流经运动人员区域供其使用，同时在室内的运行中温度逐渐升高，最后在热压作用的浮力效应下逐渐上升，从通风井道排出（图 4-3）。井道腔沿运动厅周边并置保证了大空间的完整性，满足了运动场地灵活转换的要求。

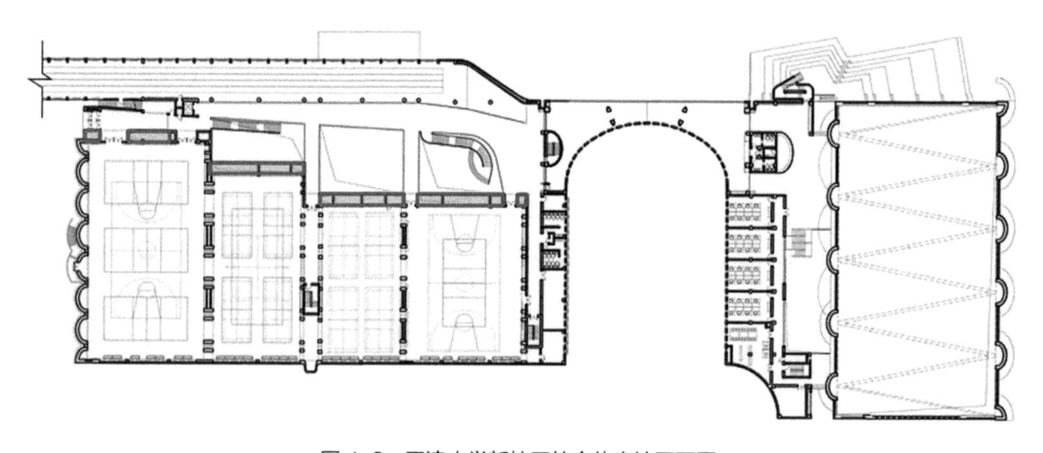
图 4-2　天津大学新校区综合体育馆平面图

① 李兴刚．作为“介质”的结构——天津大学新校区综合体育馆设计［J］．建筑学报，2016（12）：62-65.

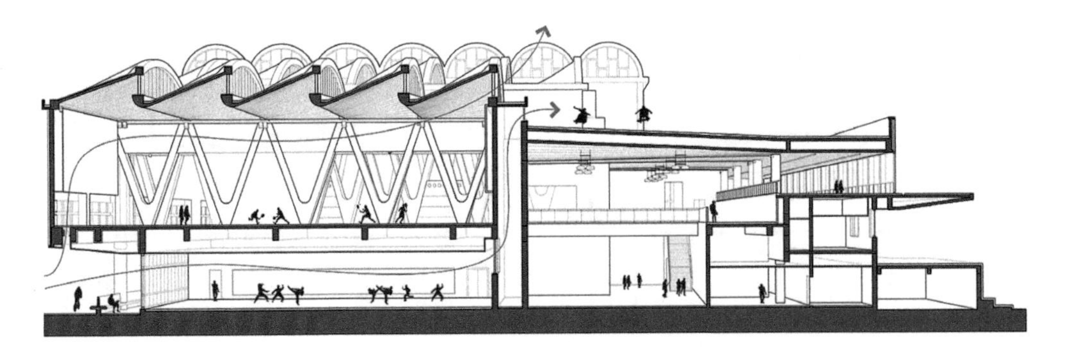

图 4-3　天津大学新校区综合体育馆的气流组织

受到建筑功能、空间布局等设计因素的影响，某些情况下在大空间单侧植入竖向井道难以实现整体的自然通风，此时则需要结合建筑的特殊使用需求和空间组合方式，采取更为复杂的腔体植入方式。在位于马耳他的西蒙斯·法森斯·西斯克有限公司啤酒加工厂房的改造设计中，为了解决酿造工艺中低温要求和高昂电费之间的矛盾，在大空间厂房双侧植入了并置的通风井道对室内温度进行被动式调控。加工厂房作为酿酒制造的核心空间，在加工过程中的温度通常需要控制在 6～7℃，如果仅采用空调系统进行制冷则会消耗巨大的能源，因此积极采用被动式通风进行辅助降温在项目的初始阶段便被纳入了设计的范畴。

在酿酒厂房内部，两层大进深的加工大厅层叠布置，为了充分与外界环境进行热量的交换，在加工大厅的南北两侧分别植入了并置的通风井道。在夜间模式下，通风井道和加工大厅之间的通风阀门开启，室外低温的冷空气进入室内后形成覆盖大厅进深方向的穿堂风，最后由南北两侧的周边井道排至室外。混凝土楼板和砌块墙作为蓄热材料可以充分储存夜间通风的冷量，从而有效缓解第二天日间的室内温度波动（图 4-4）。在日间模式下，通风井道与加工大厅之间的通风阀门关闭以避免室外过热空气的进入，同时井道内的空气在热压作用下加速流动，在加工大厅的两侧形成温度的“缓冲层”，在一定程度上也减缓了大厅的温升（图 4-5）。①

建筑的控制系统可以自动检测室内外温度的变化情况，当夜间室外温度开始降低时，通风井道和加工大厅之间的通风阀门开启，充分利用自然通风的降温作用对室内进行持续冷却，在热压作用下可达到每小时 12 次的换气量。当次日清晨室外温度开始升高并接近室内温度时，控制系统会自动关闭通风阀门，换气量下降至每小时 0.5～1 次。建筑运行后温度的追踪测试显示，当夏季室外温度超过 20℃时，室内的温度波动控制在 3℃以内，自然通风降温有效地节约了机械系统的制冷能耗。

---

① C. 艾伦·肖特，陈海亮．面向不同气候条件下低耗能、高效、大进深公共建筑的设计策略类型学［J］．世界建筑，2004（08）：20-33.

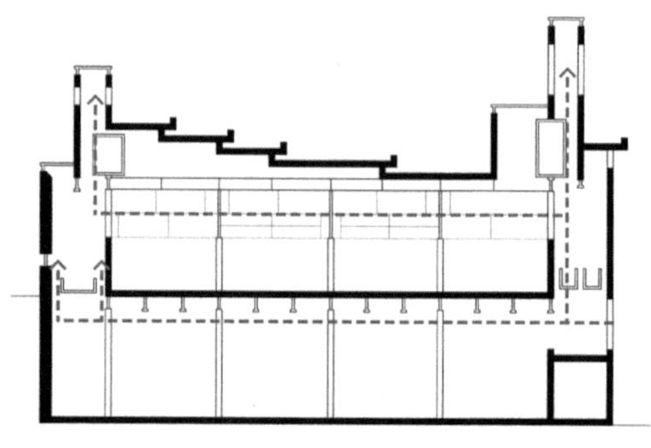

图 4-4 马耳他酿酒厂夜间通风模式

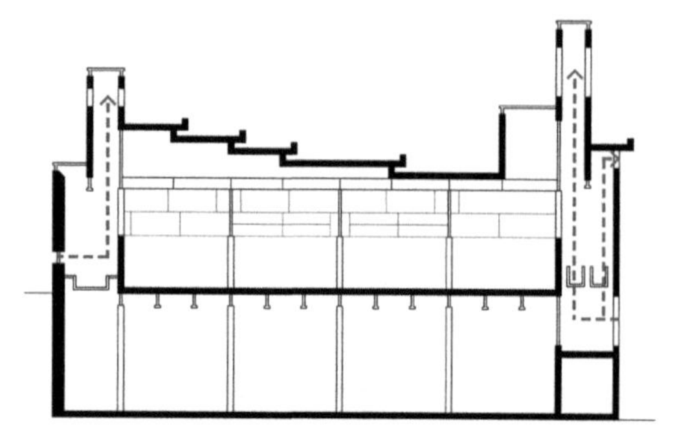

图 4-5 马耳他酿酒厂日间通风模式

由奥雅纳事务所设计的英国天空广播公司项目，通过在主要功能空间周边设置双侧的通风井道，实现对气流进行更为精准的调控。英国天空广播公司位于伦敦西部，主要功能为电视节目的录制、加工和传输。建筑平面长 100m、宽 50m，属于典型的大进深公共建筑。建筑的功能布局源自于电视制作的工作流程：平面中间区域为不需采光的后期制作间及电脑机房等储存空间，外围区域上部为开敞的办公空间，外围区域下部为双层高的大型演播室。上述空间布局方式可以保证外围的演播室和办公室与中间区域的制作间保持便捷的联系。

自然通风的应用主要集中于外围的开敞办公室和大型演播室。对于外围开敞的办公空间，通过可开启的外窗和纵深部位设置的通风烟囱，较易实现对气流的组织。对于外围底部的大型演播室而言，在电视录制的过程中需要严格控制外部噪声的传入，既无法利用可开启外窗作为通风口，也无法与上部的开敞办公空间共用纵深部位的通风井道，其自身应作为一个独立的封闭空间存在。为了解决上述问题，沿建筑立面引入了一系列并置的通风井道，形成一套由演播室灯光预热驱动的自然通风系统，该系统与办公空间的自然通风系统相互独立。外界新鲜空气通过演播室底部的声音衰减装置进入室内，经过演播室灯光系统的预热加热后逐渐上升，最终经由外立面上的通风井道排至室外。在此过程中，演播室内形成的负压吸入室外的新鲜空气，促进气流的连续运动（图 4-6）。[①] 在英国天空广播公司的项目中，通过在大空间周边植入两列通风井道，实现了办公空间和演播室相互独立的气流组织，沿立面布置的通风井道也形成了的独特的建筑意象（图 4-7、图 4-8）。

① 珍妮·洛弗尔．建筑表皮设计要点指南［M］．南京：江苏科学技术出版社，2013.

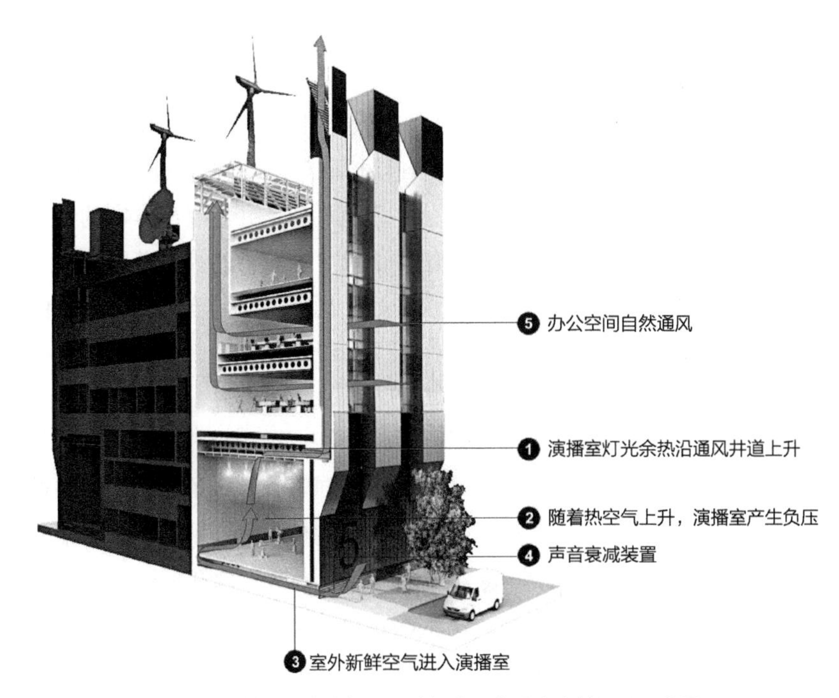

图 4-6　英国天空广播公司演播室和办公室自然通风示意图

图 4-7　英国天空广播公司周边井道局部

图 4-8　英国天空广播公司透视图

4.1.2 中庭腔的线性并置

中庭可以在垂直方向上连通上下空间，其高大的尺度特性可以有效地引导气流在建筑内部的运动，对大空间、大进深建筑的自然通风具有重要的调控作用。作为一种成熟、有效的竖向腔体类型，中庭广泛运用于各类公共建筑之中，并发展出丰富的形态类型。在各种类型的中庭中，线性中庭因其相对较小的平面尺寸和较大的控制范围，在大空间建筑的自然通风中展现出较大的应用潜力。在线性中庭的周边式布局模式下，气流由外界面的进风口进入大空间内部，在中庭的热压驱动作用下流经人员使用区域并逐步排至室外，其气流组织方式如图 4-9 所示。

在天津空港体育中心的设计中，篮球馆、游泳馆和网球馆三个大空间运动厅并列排布，紧凑的空间布局有利于营造更多的运动空间，但同时也导致了自然通风的难点。为了应对多个大空间组合下的气流组织问题，沿大空间一侧植入了并置的线性中庭，三个大空间均可以通过外窗和中庭腔进行自然通风（图 4-10）。同时，线性中庭作为建筑入口处的共享空间，在促进自然通风的同时也承载了整座建筑的交通集散功能。

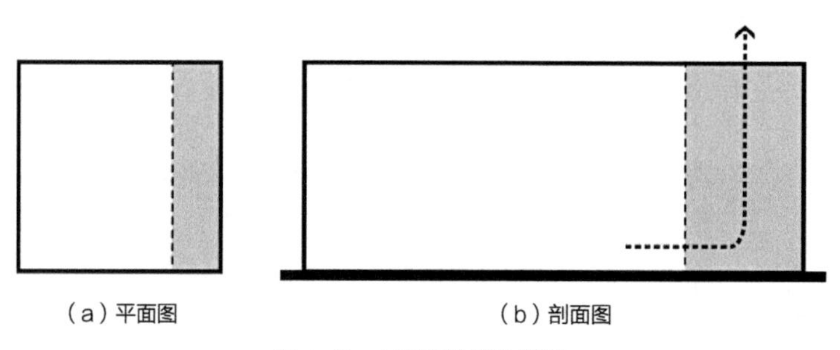

图 4-9　中庭腔的线性并置

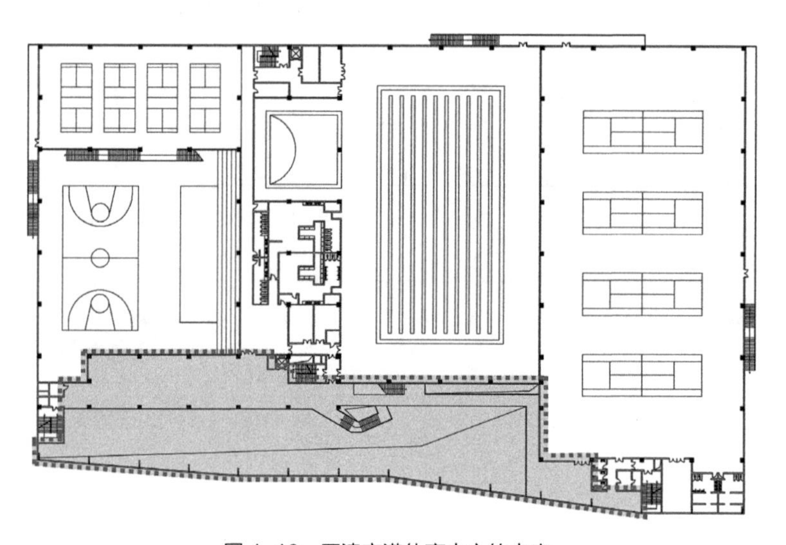

图 4-10　天津空港体育中心的中庭

4.1.3　天井腔的分段并置

在大空间建筑内部植入天井后，使得纵深部位重新获得和外部环境接触的机会，进而使自然通风的组织成为可能。为保证对气流的调控能够覆盖一定的范围，天井腔在大空间周边多呈连续分布的状态，其间穿插必要的室内交通廊道。在周边式布局模式下，与通风井道的点状并置和中庭的线性并置相比，天井腔在大空间周边呈现出分段并置的状态（图 4-11）。值得注意的是，在大空间内部植入天井会增加建筑的体形系数，因此这种方式多用于南方湿热地区。对于采暖能耗问题较为突出的严寒和寒冷气候区，应该谨慎采用室外腔体的植入方式。同时，植入天井后也会相应地减少建筑的使用面积，需要对其尺寸进行控制。

在上海市安亭镇文体活动中心的空间布局中，面对众多的功能空间，建筑没有采用集中紧凑的组合方式，而是通过适当地植入庭院和室外平台使主体大空间之间进行适当的分离。建筑东侧的游泳馆和北侧的附属空间之间植入了三个分段式的室外天井，有效地改善了纵深部位的自然通风和采光状况；西侧的球类馆则通过并置的室外架空平台重获自然通风的可能（图 4-12）。通过植入天井和室外平台改变了以往文体建筑大空间集中叠加的

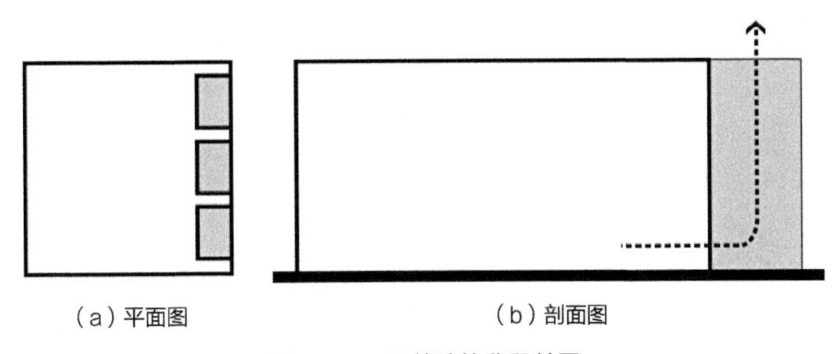

（a）平面图　　（b）剖面图

图 4-11　天井腔的分段并置

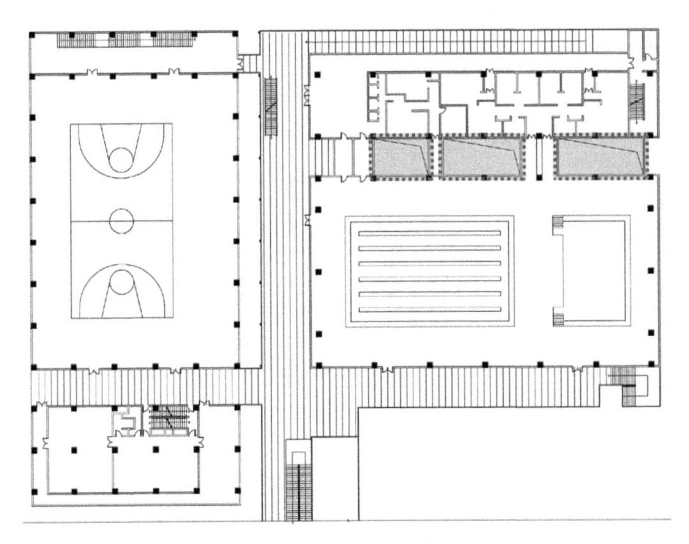

图 4-12　安亭镇文体活动中心平面图

布局方式，在适宜的气候条件下，将整体建筑进一步分解为若干个独立的体块，削弱了大体量建筑的压迫感。同时，植入的天井和架空平台在改善大空间运动厅自然通风和采光的同时，又有利于形成丰富的外部空间（图 4-13）。①

在上海青浦区体育文化活动中心的空间组织中，天井空间的引入同样有效地改善了大体量体育建筑内部的自然通风和采光问题。面对体育建筑多个复杂的功能模块，通过在建筑的东侧和南侧植入三个分段式的天井空间，重新建立了建筑纵深部位与外界环境的联系，为大空间运动厅提供了自然通风和采光（图 4-14、图 4-15）。同时，天井空间的植入有助于削弱建筑庞大的体量，使其更为有效地融入城市公共空间（图 4-16、图 4-17）。②

图 4-13 安亭镇文体活动中心的室外架空平台

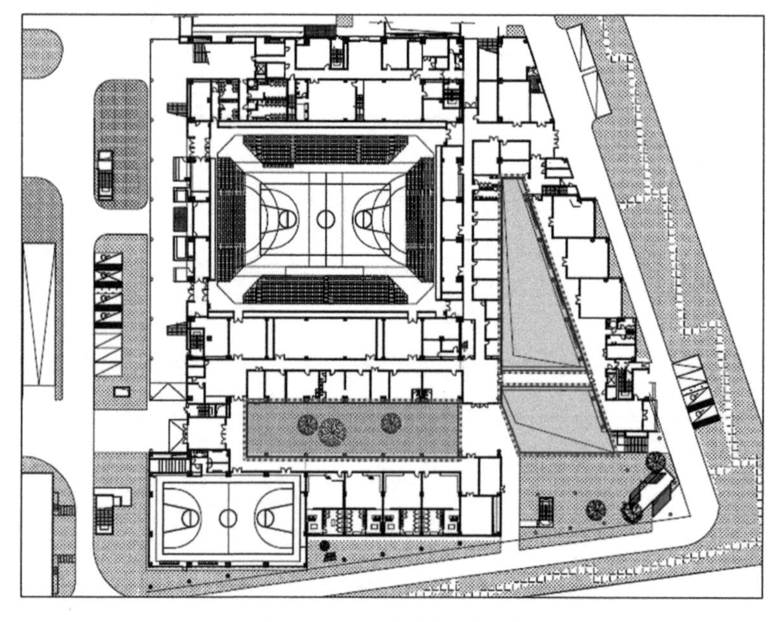

图 4-14 青浦体育中心平面图

① 张斌，周蔚．抽象和丰富之间——安亭镇文体活动中心设计［J］．建筑学报，2011（07）：84-85.

② 莫羚卉子，陈波．体用为常——化解“宏大”秩序的上海青浦区体育文化活动中心［J］．时代建筑，2020（06）：132-139.

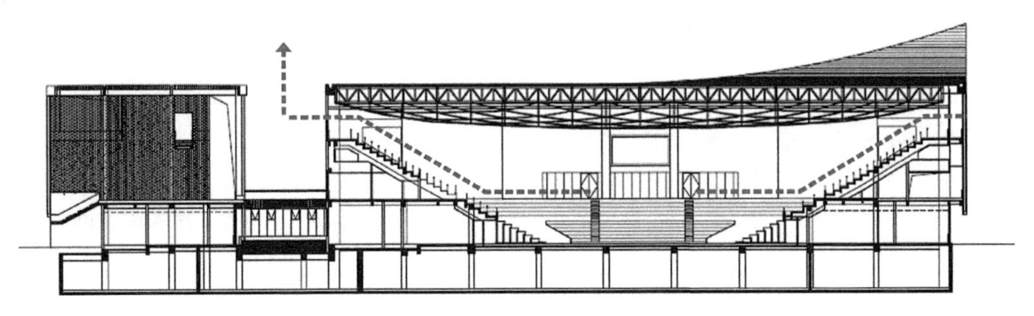

图 4-15　青浦体育中心剖面图

图 4-16　青浦体育中心天井空间

图 4-17　青浦体育中心鸟瞰图

4.1.4　周边腔的汇总分析

对于内部需为统一完整大空间的建筑而言，竖向腔体无法介入大空间内部。为了实现对气流的调控，竖向腔体沿大空间周边并置成为一种必然的选择。对于不同类型的竖向腔体，由于尺度和空间特性不同，其分布状态亦存在一定的差异。在周边腔的并置式植入模式下，各类腔体的形态布局和性能特点如表 4-1 所示。

周边腔并置式植入的汇总分析　　表 4-1

	周边式通风井道	周边式线性中庭	周边式天井
腔体图示			
布局特点	沿大空间周边呈点状均匀分布，有利于保持大空间的完整性； 通风井道平面尺寸小，对建筑整体空间布局影响小	沿大空间周边呈线性分布，有利于保持大空间的完整性； 有利于形成室内共享空间，丰富空间层次； 平面尺寸较大，增加交通空间面积	沿大空间周边呈分段式分布，有利于保持大空间的完整性； 平面尺寸较小，设置灵活，丰富建筑内部的景观视觉效果

续表

	周边式通风井道	周边式线性中庭	周边式天井
性能特点	通风路径长，气流需跨越整个进深方向； 单个通风井道的控制范围通常较为有限	通风路径长，气流需跨越整个进深方向； 控制范围较大，对室内光热环境亦产生一定影响	通风路径长，气流需跨越整个进深方向； 在建筑的纵深部位贯通室内外空间，改善风、光环境，增加建筑体型系数

4.2 内置腔的嵌入式植入

对于不同类型的大空间建筑而言，从使用功能的角度出发，内部统一完整的大空间并不是唯一的选择。在这种情况下，竖向腔体可以均匀地嵌入到大空间内部，更为有效地发挥气流调控的作用。腔体的介入需要与各类设计因素协同考虑，在保证使用功能的前提下，采用灵活布局的腔体植入方式，既发挥自然通风的环境调控性能，又能营造独特的空间氛围。根据不同腔体的尺度和形态特征，提出内置腔的三种嵌入式植入策略：井道腔的针灸式嵌入、中庭腔的共享式嵌入及天井腔的贯通式嵌入。

4.2.1 井道腔的针灸式嵌入

由于单个通风井道的平面尺寸较小，在环境调控中的控制范围较为有限，通常需要在大空间内部植入多个通风井道以发挥整体性能。通风井道均匀地介入到大空间内部，二者充分接触并进行气流的交互，形成“针灸式”的腔体介入方式（图 4-18）。

对于在使用功能上无特殊要求的大空间建筑，井道腔可以结合功能布局较为灵活地嵌入空间内部，形成在大空间内自由分布的状态。在日本建筑师伊东丰雄与结构工程师佐佐木共同完成的仙台媒体中心中，传统的梁、板、柱结构体系由板和立体柱的结构体系所取代，13 根直径 2 ~ 9m 的树形管束自由地布置在空间内部，在支撑起 6 块方形楼板的同时，营造出连续、流动和开放的内部空间（图 4-19）。中空的管束从垂直方向上将各层楼板连在一起，既承担传统柱子的结构功能，也充当了井道腔的角色，包裹起各种功能要

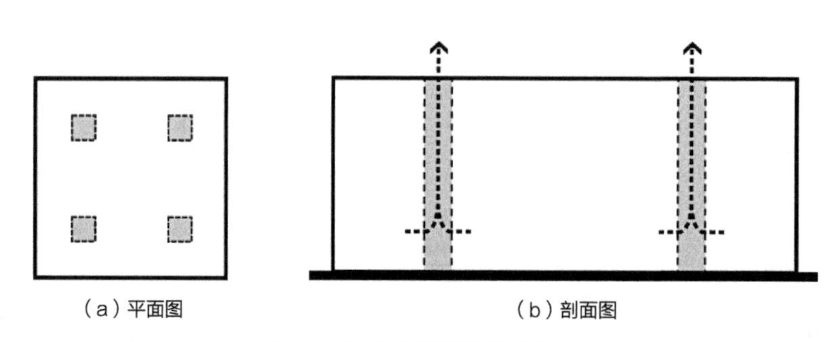

（a）平面图　　（b）剖面图

图 4-18　井道腔的针灸式介入

素。每一根管束都被赋予不同的功能：有的管束作为楼梯间和安装电梯的结构体，承担垂直方向人和物品的传送需求；有的管束则作为采光和通风的井道，使自然采光和空气流通在大进深建筑的内部得以实现（图 4-20）。①

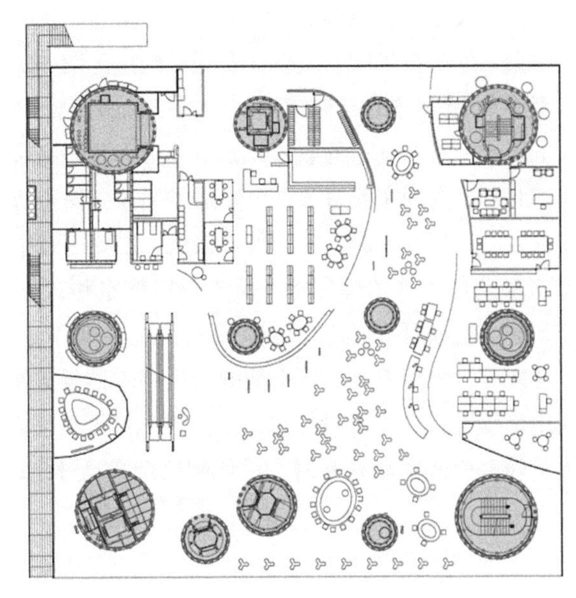

图 4-19　仙台媒体中心平面图

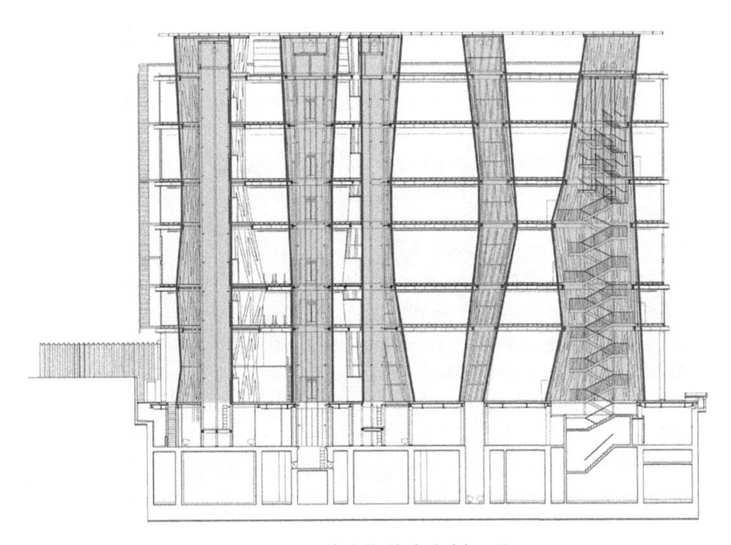

图 4-20　仙台媒体中心剖面图

① 沈铁．站在机器时代与数字时代的交叉口——细读仙台媒体中心［J］．新建筑，2005（05）：63-65.

当大空间建筑内部的空间组合较为复杂时，通风井道的介入方式需结合特定的功能布局和空间组合方式进行综合确定。英国莱彻斯特市德蒙福特大学女王楼作为机械与制造专业的学院大楼，由剑桥大学建筑系艾伦·肖特教授于 1989 年设计，是当时欧洲最大的自然通风建筑[①]。在有限用地的限制下，建筑内部的多个空间采用了紧凑的布局方式。整体建筑划分为三部分：中央建筑、机械实验室和电子实验室。其中中央建筑为空间组合最复杂的部分，包括中央大厅、报告厅、教室和普通实验室（图 4-21）。[②]

为了实现中央建筑区域整体的自然通风，设计结合各部分功能空间的分布位置，沿中央大厅两侧植入了若干个均匀分布的嵌入式通风井道。北侧底层的教室通过大厅北侧的井道进行自然通风，北侧上层的实验室和办公室通过屋顶天窗进行自然通风。南侧的两个半圆形报告厅进深较大，且只有一侧立面与外界接触，主要通过中央大厅南侧的通风井道组织通风。在室外气候条件允许的情况下，位于一层教室和二层报告厅之间的进风闸口开启，室外新鲜空气进入座席下的空腔，在热压作用的驱动下，均匀扩散至报告厅室内空间并流经人员座席区域，最后通过大厅南侧的通风井道排至室外（图 4-22）。经过 CFD 模拟验证，在仅利用热压进行自然通风的状态下，该建筑可将室内的温升控制在 4 ~ 5℃。夏季报告厅内部人员较多引起室温升高时，进风闸口会自动开启；冬季室外温度较低时，

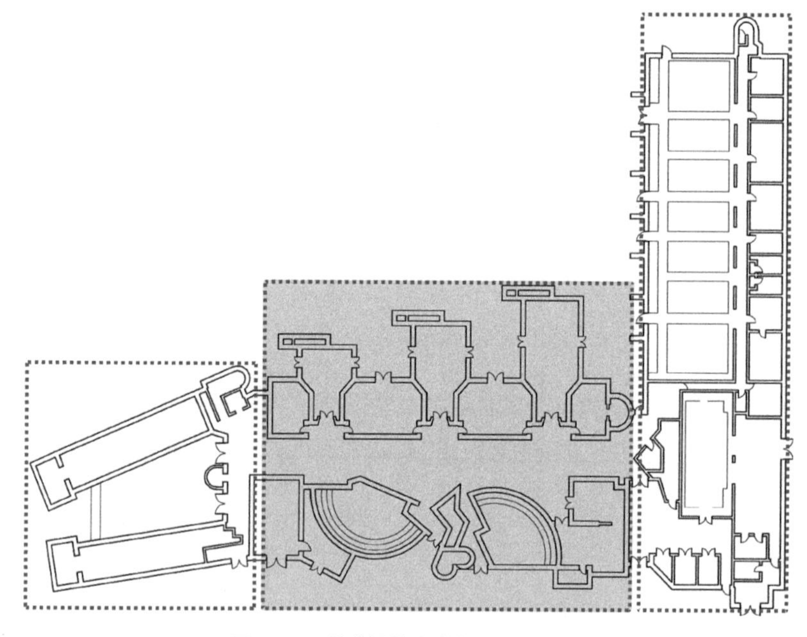

图 4-21　德蒙福特大学女王楼平面图

① 李传成．大空间建筑通风节能策略［M］．北京：中国建筑工业出版社，2011.

② 肖葳，张彤．建筑体形性能机理与适应性体形设计关键技术［J］．建筑师，2019（06）：16-24.

室外空气则经过外窗上的真空管加热后再进入报告厅内部。通风井道顶部配备温度感应装置，通过自动开关的调节实现对室内温度的调控。

对于有完整大空间需求的建筑而言，竖向井道的介入会受到更大的制约，此时需结合建筑的功能特性和空间诉求，采取更为特殊的腔体植入方式。例如对于剧院建筑而言，观众席和舞台之间通透的视线需求决定了厅堂应为统一完整的大空间，内部不应受到任何结构构件和腔体的遮挡。面对这种要求，可将通风井道布置在空间的上部，在保证大空间统一完整的同时，发挥其热压通风的环境调控性能。由艾伦·肖特设计的曼彻斯特康泰克特剧场竣工于 1999 年，是一个典型的利用井道进行自然通风的剧场。康泰克特剧场内的主观众厅包含了 385 个席位，输送新鲜空气的气室位于观众座席的下方，并被设置为四个分离的部分。用于排风的井道烟囱则位于观众席的正上方，同时其高度也高于观众厅顶部的照明系统，观众厅内人体和灯光照明系统散发的热量强化了热压自然通风的效果（图 4-23）。井道烟囱的终端在垂直方向上延伸到一定的高度，并设计成交叉的 H 形端口，以减小室外紊流对自然通风的影响（图 4-24）。①

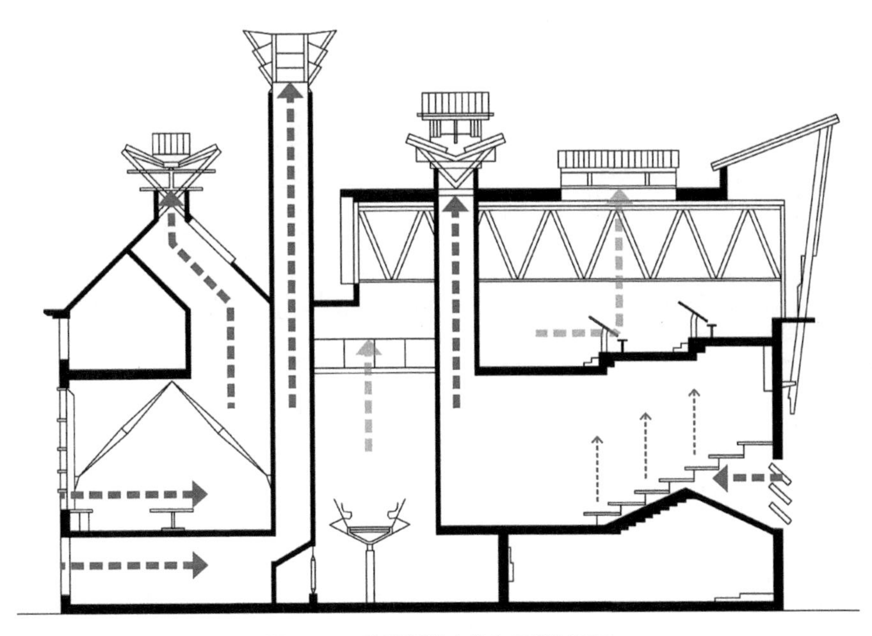

图 4-22　德蒙福特大学女王楼剖面图

① C. 艾伦·肖特，陈海亮．面向不同气候条件下低耗能、高效、大进深公共建筑的设计策略类型学［J］．世界建筑，2004（08）：20-33.

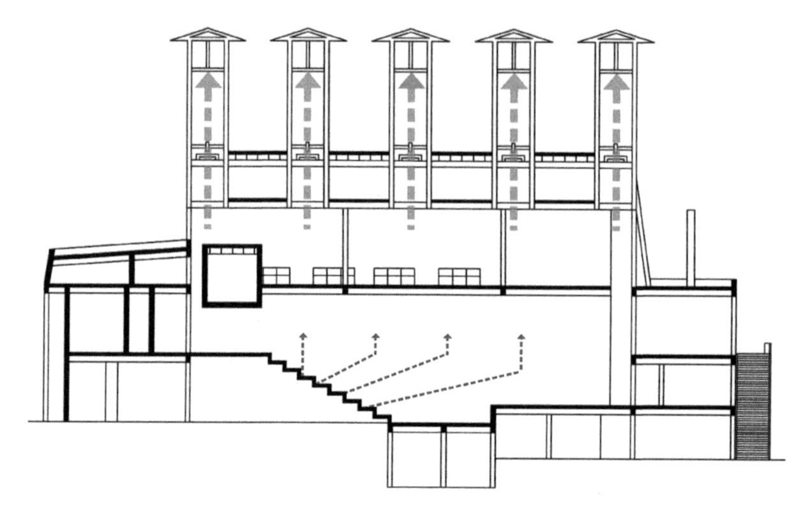

图 4-23 康泰克特剧院剖面图

图 4-24 康泰克特剧院透视图

4.2.2 中庭腔的共享式嵌入

建筑内部的中庭既是承载各类功能的共享空间，也是引导气流的贯通空间。对于大空间建筑而言，结合空间使用效率和腔体控制范围，采用线性的中庭形态进行自然通风的组织更为适宜（图 4-25）。贯穿于建筑内部的线性中庭空间，其原型可以追溯到早期的拱廊空间①，随着现代建筑的空间组合方式日趋复杂，线性中庭也逐渐演化出多种丰富的形态。

① 侯寰宇，张颀．共享空间的形态演进与生态发展［J］．新建筑，2018（01）：104-108.

在天津市文化中心图书馆的设计中，为了与周边建筑相协调，图书馆整体采用了简洁的方形体量。建筑内部设置了南北贯穿的线性中庭空间，两个大型的开放入口与南北侧的城市空间相互联系，方便市民自由地出入“城市客厅”（图 4-26）。整座图书馆结构体系的主体是呈网格状布置的墙和梁，以中庭共享空间为中心呈阶梯状展开。东西两侧开放的阶梯状阅览平台营造出丰富的空间层次，位于建筑中央部位的中庭空间则从空间、视觉上将各层阅览空间贯穿融合为一体。中庭的引入虽然是从营造开放式的阅读空间出发，但贯穿大体量建筑的线性共享空间也为图书馆物理环境的改善提供了机会。中庭的引入缩减了东西两侧主体阅读空间的体量，并使两侧阶梯状的开放阅读空间获得了自然通风的机会（图 4-27）。[①]

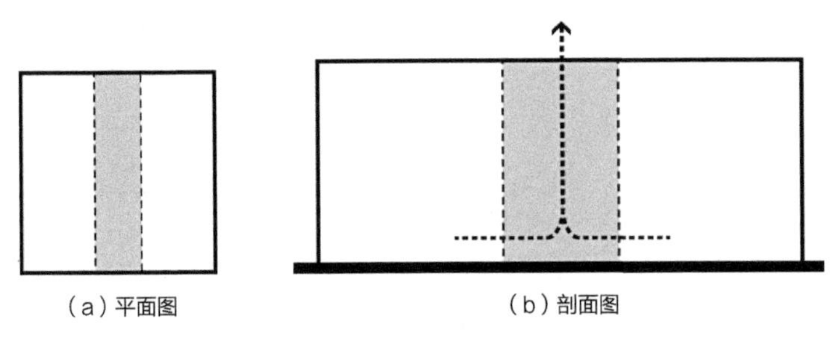

图 4-25　中庭腔的共享式嵌入

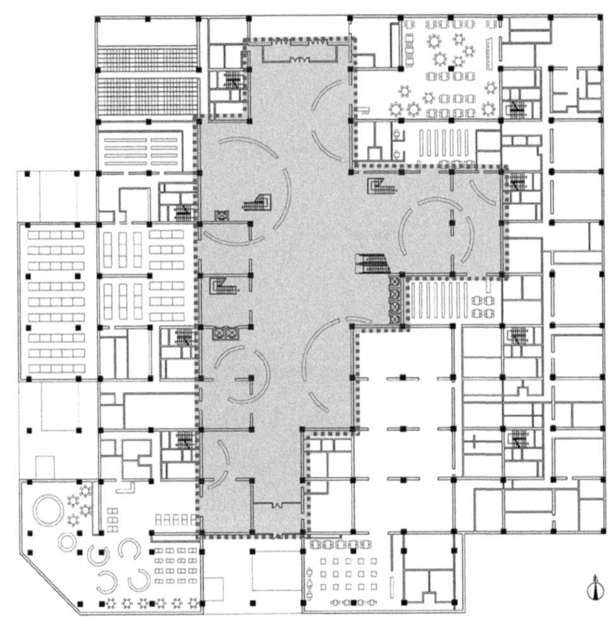

图 4-26　天津文化中心图书馆平面图

① 山本理显，土岐晃司，牛征．天津图书馆设计［J］．建筑学报，2010（04）：38-40.

当大空间建筑内部的空间尺寸巨大或空间布局较为复杂时，单一中庭难以实现建筑整体的自然通风，需嵌入多个线性中庭共同发挥对气流的引导作用。在山东交通学院图书馆的设计中，针对建筑复杂的功能布局和巨大的空间尺寸，在建筑中央和南侧分别嵌入了线性中庭，在平面上形成线性中庭与阅览空间相间分布的格局（图 4-28）。在夏季或过渡季，图书馆自然通风的驱动力主要来源于线性中庭的热压作用：室外新鲜空气流经北侧的阅览空间后，在中央中庭的热压作用下由顶部排出；南侧阅览空间则在中央中庭和南侧中庭的共同作用下实现自然通风。为了加强自然通风效果，中央部位嵌入的中庭采取了上

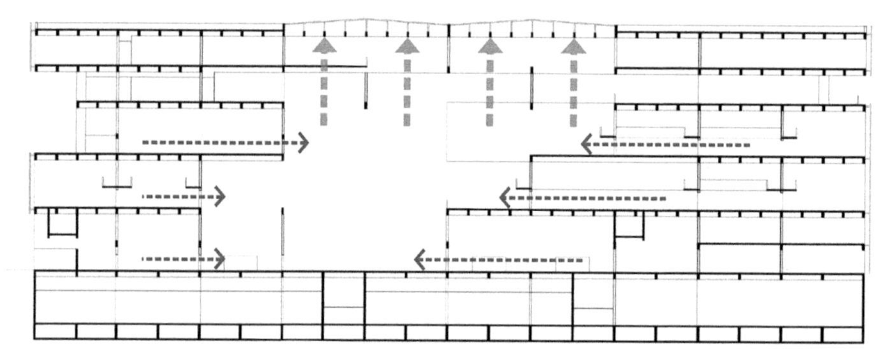

图 4-27　天津文化中心图书馆剖面图

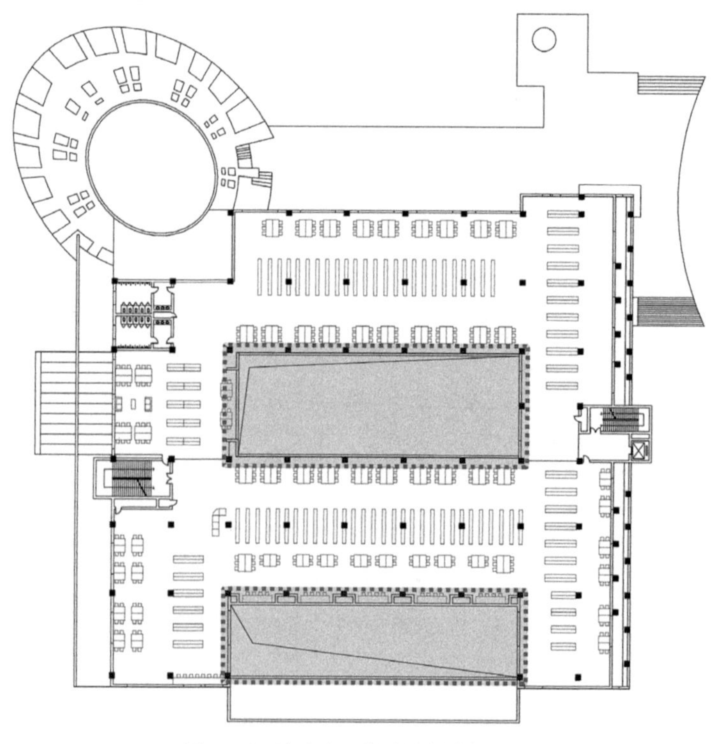

图 4-28　山东交通学院图书馆平面图

小下大的渐缩式剖面形态，并在中庭顶部增加拔风烟囱，以增强热压作用的驱动力（图 4-29）。两个线性中庭的介入缩减了阅览空间在进深方向的尺寸，在其协同作用下实现了图书馆整体的自然通风。[①]

由赫尔佐格设计的德国汉诺威的威尔汉工厂（Wilkhahn Factory）建筑，针对工业厂房的大进深尺寸特性，植入了四个均匀分布的线性中庭，构建厂房整体的热压自然通风系统。嵌入式中庭将厂房的大尺度平面划分为三个空间单元，各单元在立面下部设置可开启通风窗。室外新鲜空气由厂房单元低处进入室内，在室内热源的作用下，经过加热后的空气从厂房单元两侧进入中庭，最后在中庭热压作用下由顶部的两侧外窗排至室外（图 4-30、图 4-31）。[②]

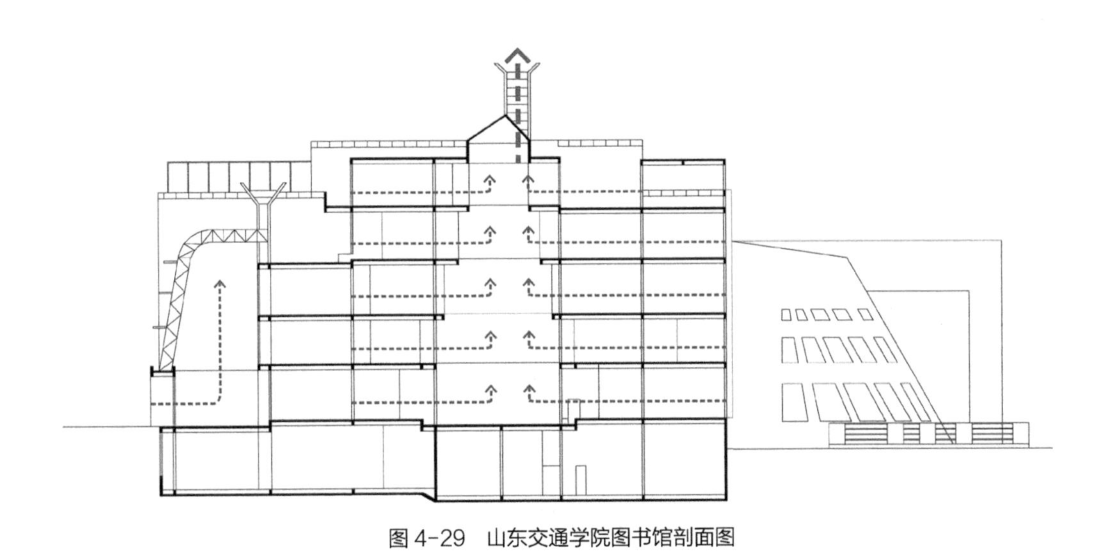

图 4-29　山东交通学院图书馆剖面图

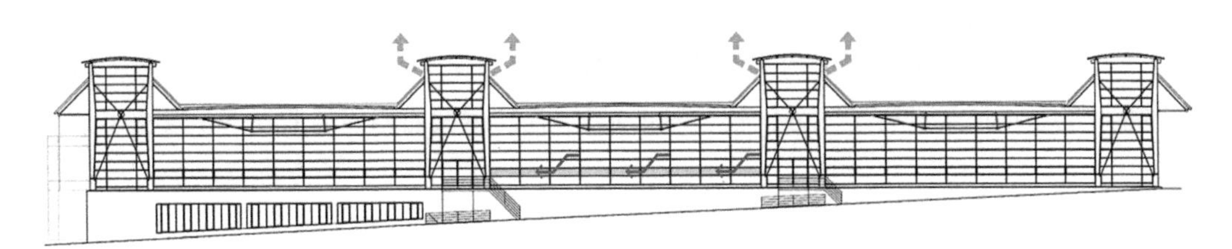

图 4-30　威尔汉工厂通风示意图

① 袁镔．适用・经济・低造价绿色建筑实践——山东交通学院图书馆［J］．生态城市与绿色建筑，2010（01）：74-81.

② 陈晓扬．大体量建筑的单元分区自然通风策略［J］．建筑学报，2009（11）：58-61.

图 4-31 威尔汉工厂透视图

4.2.3 天井腔的贯通式嵌入

对于天井而言，在适宜的气候条件下，可以结合功能布局在大空间内部均匀分布，贯通室内外空间，实现对大空间内部气流的引导（图 4-32）。云智大数据中心位于郑州市西部，基地周围为原生态的丘陵地貌，温和的气候条件使庭院和天井的植入成为一种可行的生态策略。大数据中心采用了简洁的方形体量，一层局部体量挖空，形成贯通南北的半室外空间。二、三层部分植入了贯通室内外的天井腔体，和一层的水平架空部分相互联通，共同形成引导气流的连续路径。一层架空部分由若干自由片柱形成的“柱状森林”支撑，同时引入了一片贯穿南北的水面，上面漂浮着若干引导人们进入“森林”的栈桥，在阳光的映衬下营造出富有诗意的场所（图 4-33）。

为了探索最具自然通风潜力的天井植入方式，该方案设计初期结合 CFD 数值模拟对不同腔体的布局模式进行了充分比较（图 4-34）。在腔体截面相同的前提下，对比了中心

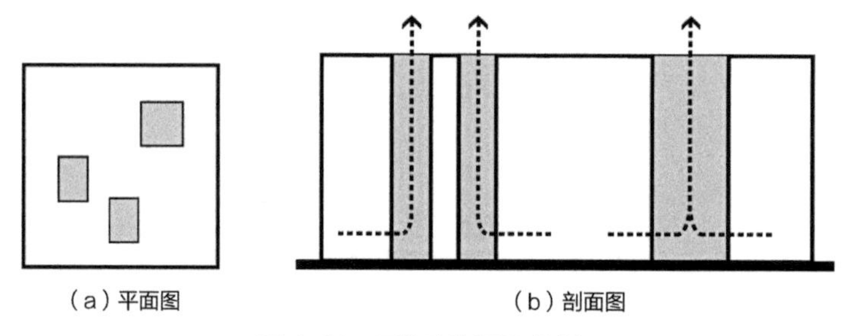

（a）平面图　（b）剖面图

图 4-32 天井腔的贯通式嵌入

图 4-33　云智大数据中心

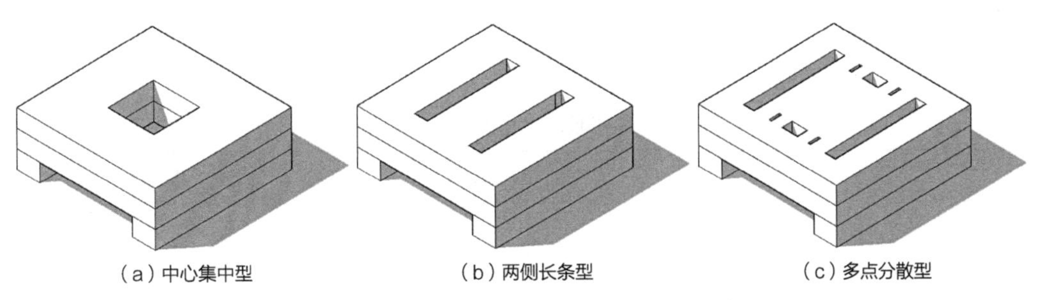

（a）中心集中型　（b）两侧长条型　（c）多点分散型

图 4-34　云智大数据中心的三种腔体布局方案

集中型、两侧长条型和多点分散型三种腔体布局方案，经过 CFD 数值模拟发现，多点分散型的腔体布局方案有利于室内获得更为均匀的气流分布。最终，结合建筑使用功能的布置，选用了多点分散型的腔体植入方式，包括东西两侧容纳室外楼梯的长条形腔体及六个均匀分布的天井腔体。① 在夏季及过渡季适宜的气候条件下，一层架空空间引导室外气流穿行而过，经过水面的预冷作用将室外新鲜空气的温度进一步降低。在竖向腔体热压作用的引导下，经过预冷的室外新鲜空气沿天井向上运动，沿各层地板处设置的幕墙通风器进入室内，实现大体量空间内部均匀的自然通风（图 4-35）。

① 张帆，张伶伶，李强．大空间建筑绿色设计的腔体导控技术［J］．建筑师，2020（06）：85-90.

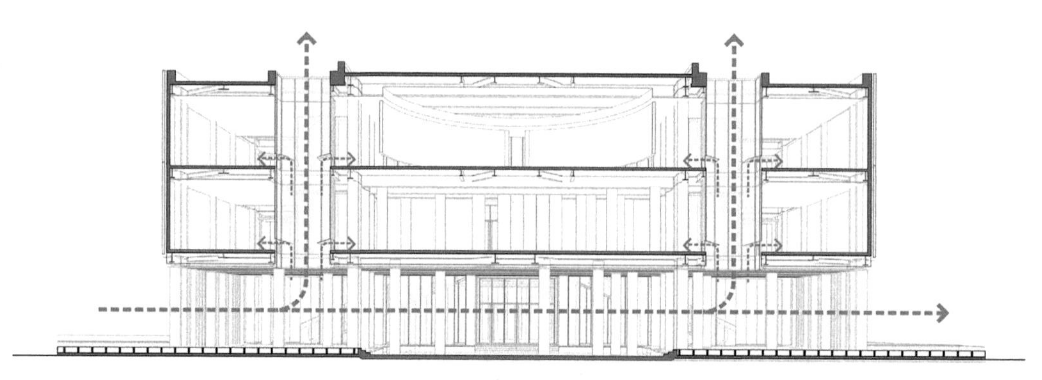

图 4-35　云智大数据中心剖面通风示意图

4.2.4　内置腔的汇总分析

对于内部无完整大空间要求的建筑而言，可以结合功能布局恰当地植入嵌入式腔体，与大空间建筑体量进行更为紧密的融合。在自然通风状态下，内置腔体有利于缩短通风路径，形成室内更为均匀的流场。在内置腔的嵌入式植入模式下，各类腔体的形态布局和性能特点如表 4-2 所示。

内置腔嵌入式植入的汇总分析　　表 4-2

	嵌入式通风井道	嵌入式线性中庭	嵌入式天井
腔体图示			
布局特点	均匀介入大空间内部，对空间完整性形成制约，不利于功能灵活转换； 需要结合结构体系、功能布局进行布置，或布置于大空间顶部	以线性中庭贯穿建筑主体空间，将大空间分为两个部分，中庭两个端部与外界联通； 有利于形成室内共享空间，丰富空间层次	在建筑内部贯通室内外空间，对大空间完整性形成制约； 平面尺寸较小，形态自由，可结合功能布局进行灵活布置
性能特点	通风路径短，可有效引导井道周围区域的自然通风，利于形成室内均匀分布的流场； 可兼顾大空间内部的自然采光	减小大空间的进深尺寸，缩短气流路径的长度，与内部空间更紧密地结合； 作为环境调控的核心空间，形成对大空间风、光环境的有效调控	在大空间内部贯通室内外空间，有利于形成均匀的室内流场； 需控制平面尺寸，结合功能布局和气候条件综合确定腔体形态和植入方式

4.3　复合腔的协同式植入

随着大空间建筑内部的空间组合方式日趋复杂，在某些情况下依靠单一类型的腔体难以实现建筑整体的自然通风，此时则需要植入多种类型的复合腔体，通过协同作用对大空间建筑内部气流进行引导与调控。本节将对三种典型的腔体协同式植入策略进行论述，分别为井道腔的单元式协同、中庭腔与井道腔的组合式协同、中庭腔与天井腔的联通式协同。

4.3.1　井道腔的单元式协同

针对大空间建筑的尺度特性和自然通风难点，可将整体统一的大空间划分为若干个尺度较小的控制分区，在各分区单元的内部和周边分别植入通风井道，通过井道腔体的协同作用实现整体大空间的自然通风（图 4-36）。

由建筑师艾伦·肖特设计的英国考文垂大学图书馆是通过协同式井道实现大空间自然通风的典型范例。受到环境噪声、空气质量的影响以及图书馆安保要求的限制，立面上的外窗无法正常开启，从而导致常规的贯流通风无法实现。为了应对上述问题，建筑师将平面划分为四个控制分区，各分区中心分别植入一个送风井道，同时在整个平面的中心和四周分别设置排风井道（图 4-37）。新鲜的室外空气经由地下室进入各送风井道，然后均匀扩散至房间各处，最后由中心和四周的排风井道排出至室外（图 4-38、图 4-39）。排风井道顶部设置的集热装置吸收太阳辐射后温度迅速升高并加热周边空气，进一步增大了进排风口的温度差，在热压的作用下将室内空气快速排至室外。上述均匀井道和周边井道的单元式协同工作，实现了对气流的合理组织，在热压作用的驱动下促进了图书馆大进深空间整体的自然通风。①

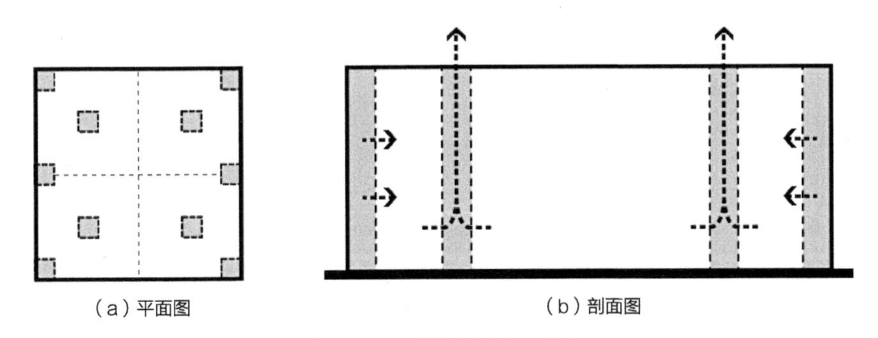

（a）平面图　　（b）剖面图

图 4-36　井道腔的单元式协同

① 肖葳，张彤．建筑体形性能机理与适应性体形设计关键技术［J］．建筑师，2019（06）：16-24.

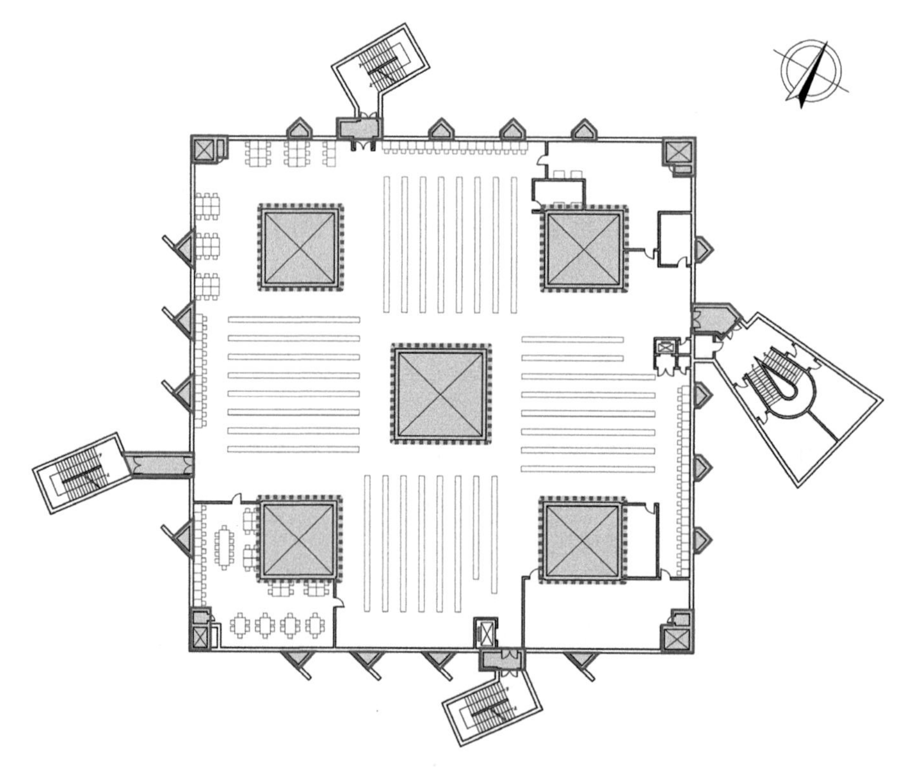

图 4-37　考文垂大学图书馆平面图

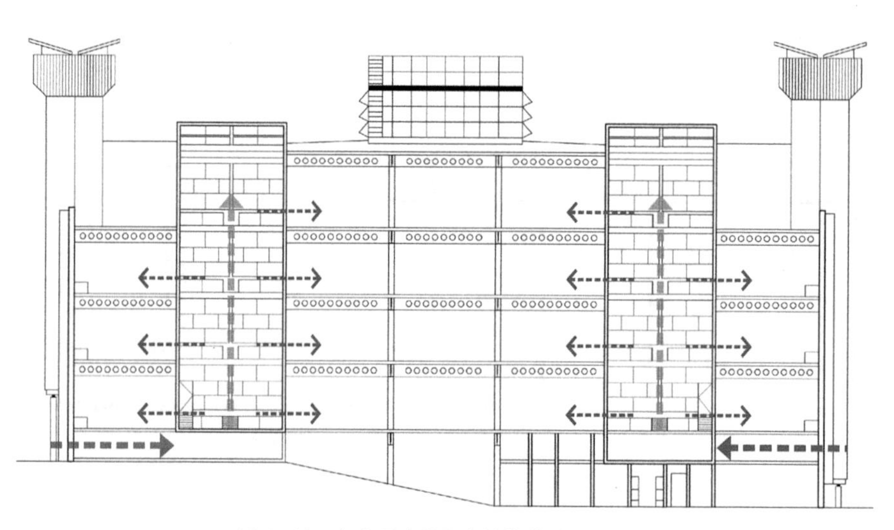

图 4-38　考文垂大学图书馆井道送风示意图

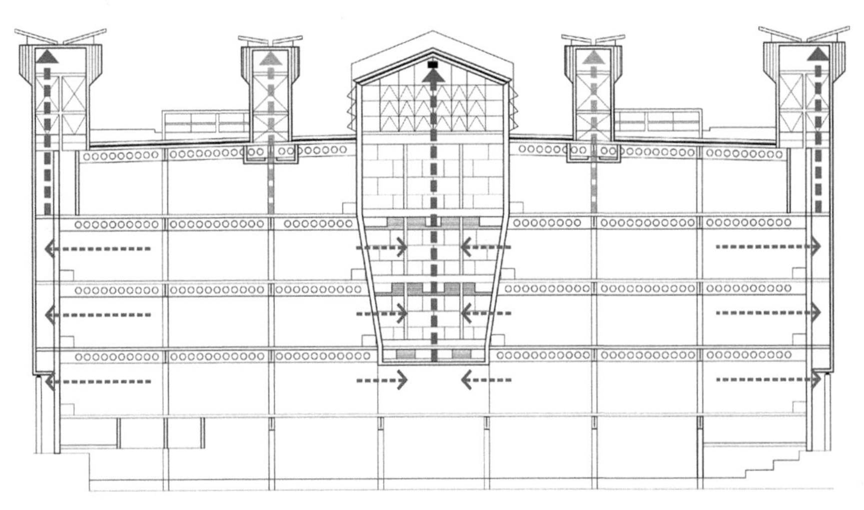

图 4-39　考文垂大学图书馆井道排风示意图

4.3.2　中庭腔与井道腔的组合式协同

如前所述，在建筑的使用功能和空间布局允许的情况下，在建筑内部植入嵌入式的线性中庭是一种广泛应用的环境调控策略。在特殊的设计条件下，为了实现对气流更为精准的调控，可采用中庭结合周边井道的组合式植入策略，发挥腔体在气流组织中的协同作用。在中庭和周边井道的协同作用下，气流在建筑内部呈“鱼骨”状分布，均匀地覆盖了建筑内部的使用空间（图 4-40）。

在杭州绿色建筑科技馆中，建筑师利用贯穿内部的线性中庭和沿周边设置的通风井道构建了整体的自然通风系统，在中庭和井道的协同作用下实现了建筑整体的自然通风（图 4-41）。在外部气候条件适宜的情况下，建筑内部的自然通风模式开启。室外新鲜空气首先进入地下的通风道进行预冷，然后沿建筑南北向周边布置的 14 处通风井道和东西向的 4 处通风井道进入送风风道。在中庭热压作用的驱动下，气流沿着周边井道的通风

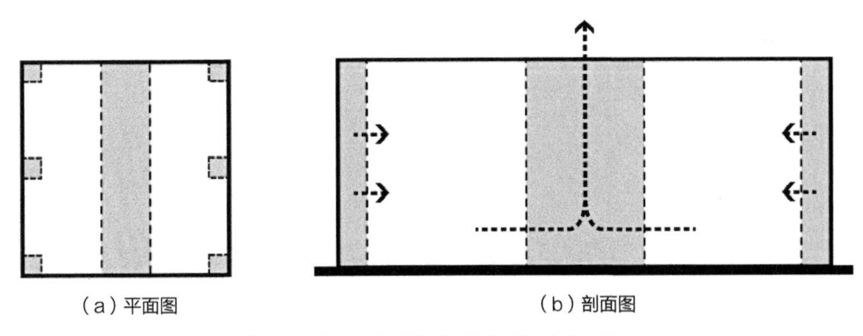

（a）平面图　（b）剖面图

图 4-40　中庭腔与井道腔的组合式协同

口依次进入各房间，经过使用人员的消耗后进入中庭，最后由顶部的拔风烟囱排至室外（图 4-42、图 4-43）。在室外温度或湿度较高时，自然通风模式关闭，主动式通风系统开始介入。①

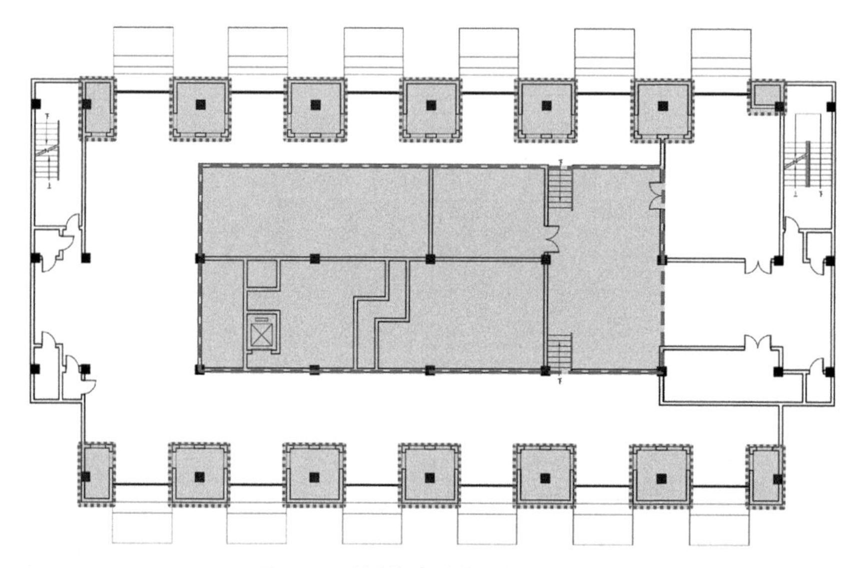

图 4-41　杭州绿色建筑科技馆平面图

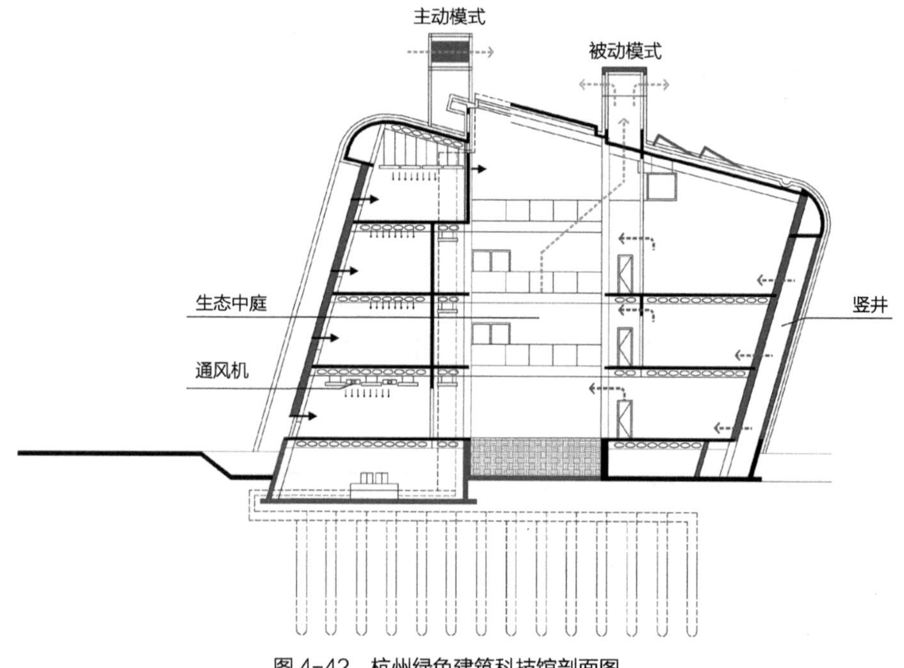

图 4-42　杭州绿色建筑科技馆剖面图

① 陆正刚．杭州绿色建筑科技馆项目实施案例分析［J］．浙江建筑，2012（01）：65-68，71.

东门中心是津巴布韦首都哈拉雷市最大的商业综合体建筑之一，同样也是利用中庭和通风井道进行协同式自然通风的典型范例。基地所处区位的夏季较为炎热，昼夜温差在10℃左右，严苛的气候环境和经济技术条件使自然通风降温成为建筑夏季运行的必然选择。为了应对大体量建筑的自然通风问题，在建筑内部植入贯穿中部的线性中庭，在两侧板楼内植入均匀分布的双层通风井道，通过中庭和井道的协同作用构建起整体的自然通风系统（图 4-44）。

图 4-43　杭州绿色建筑科技馆透视图

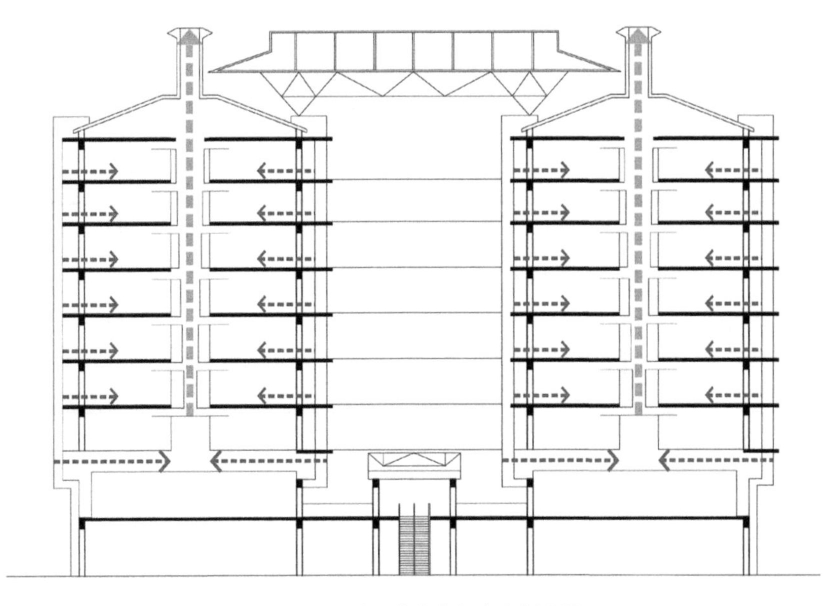

图 4-44　津巴布韦东门中心剖面图

自然通风系统的进风口位于中庭下部，通过架空天桥和绿色植物的遮阴降温作用对新鲜空气进行预冷处理。在风机的作用下，经过预冷处理的新鲜空气通过外层通风井道被抽取至各层地板下的空腔，通过踢脚板处的通风口送至办公空间的使用区域。新鲜空气在室内各种热源的加热作用下温度升高，逐渐向空间上部运动，通过吊顶处的排风口进入内层通风井道，最终在热压作用下由屋顶的排风烟囱排至室外。位于中部的线性中庭的屋面比周边两侧办公板楼高出 4m，形成超过 800m^2 的侧向排风口，可将中庭内加热的空气快速排至室外，有效地抑制了中庭内部夏季的温升。①

建筑运行后的环境数据监测表明，在夏季室外气温为 28℃时，室内温度可以控制在 24～25℃，满足办公建筑的热舒适和空气品质要求。即使当夏季室外最高气温达到 32℃时，也可通过自然通风降温将室内温度控制在 26～28℃，并通过夜间通风降温策略，使日间室内温度进一步降低。

4.3.3 中庭腔与天井腔的联通式协同

在大空间建筑内部，在中庭无法提供足够的热压驱动力的情况下，可以结合建筑功能布局植入天井腔体，共同实现对气流的引导。天井腔体的植入既可以进一步缩短气流的通风路径，又可以提供新鲜空气。中庭和天井腔体在建筑内部相互联通，形成对气流的协同式调控（图 4-45）。

在大连理工大学辽东湾校区图书信息中心的设计中，现代化的图书借阅方式和信息交互共享成为空间设计的核心诉求。在设计目标的引导下，图书信息中心的东侧引入了四层叠置的大型开放性阅览空间，空间的巨大尺度和承载的复杂功能也使其成为图书信息中心的核心功能空间。大体量的开放空间带来了图书借阅的全新体验和信息交流的诸多便利，然而巨大的空间尺寸也导致了空间自然通风和采光的难点。针对上述问题，采用复合

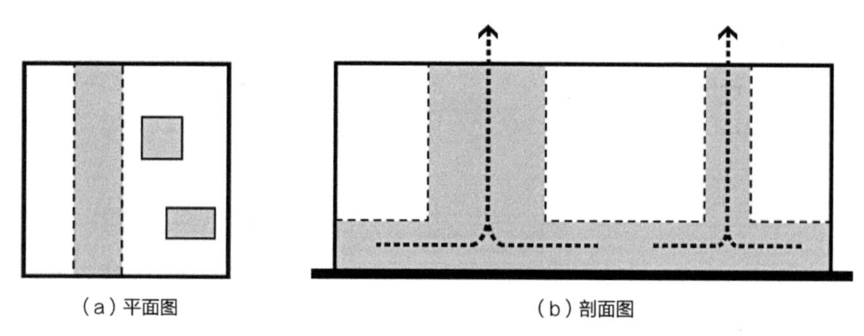

图 4-45　中庭腔与天井腔的联通式协同

① 赵继龙，徐娅琼．源自白蚁丘的生态智慧——津巴布韦东门中心仿生设计解析［J］．建筑科学，2010（02）：19-23.

化的腔体植入方式进行被动式的环境调控成为一种可行的设计策略。

图书信息中心的中部植入了贯穿建筑南北两侧的线性中庭。中庭空间也成为建筑的核心交通系统，沿中庭一侧布置的楼梯拾级而上，即可方便到达各个阅览空间。线性中庭将图书信息中心分为东西两个明确的功能组团：西侧为相对封闭和独立的阅览空间，东侧为四层叠置的大型开放阅览空间。由于东侧大型开放阅览空间平面尺寸较大，线性中庭对该区域的环境调控作用较为有限。为了实现对开放阅览空间整体的气流调控，中心天井和一系列边庭相继被引入建筑的内部。通过上述三种腔体的植入，使开放阅览空间形成以中心天井为核心、四周由中庭和边庭包裹的空间格局（图 4-46）。[①] 三种单一类型的竖向腔体通过室内开放空间相联通，形成了连续通畅的气流运动路径，进而建立起稳定的热压自然通风系统（图 4-47）。

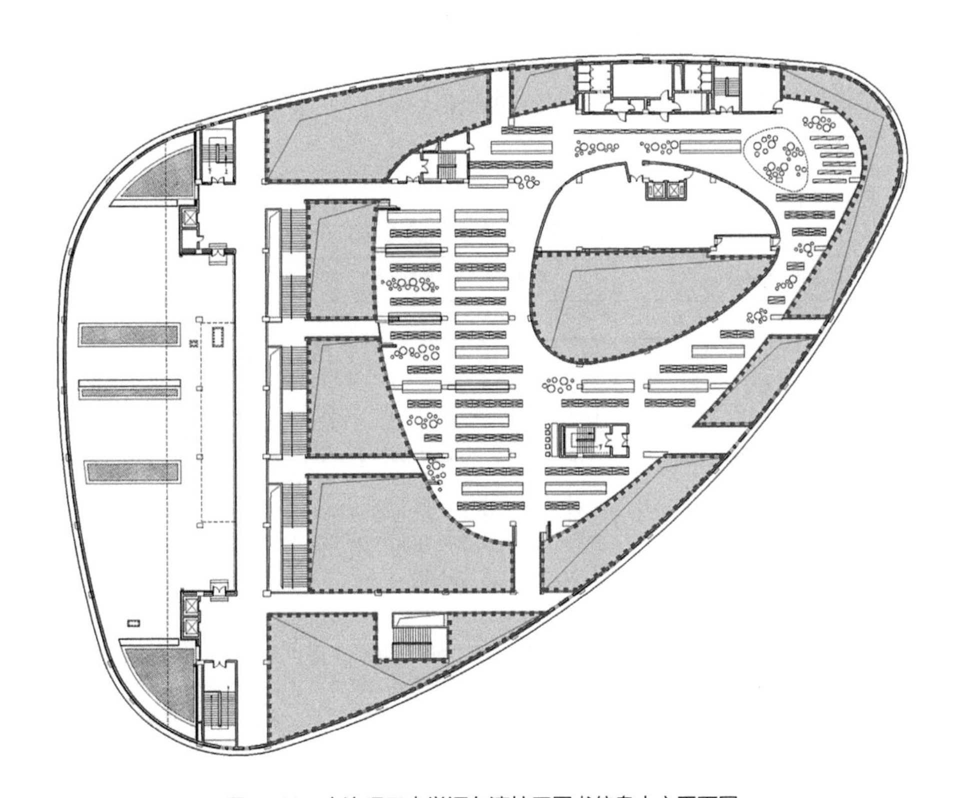

图 4-46　大连理工大学辽东湾校区图书信息中心平面图

① 张伶伶，赵伟峰，陈雪松．平实自然的选择——大连理工大学辽滨校区图书信息中心设计［J］．建筑学报，2013（12）：94-95.

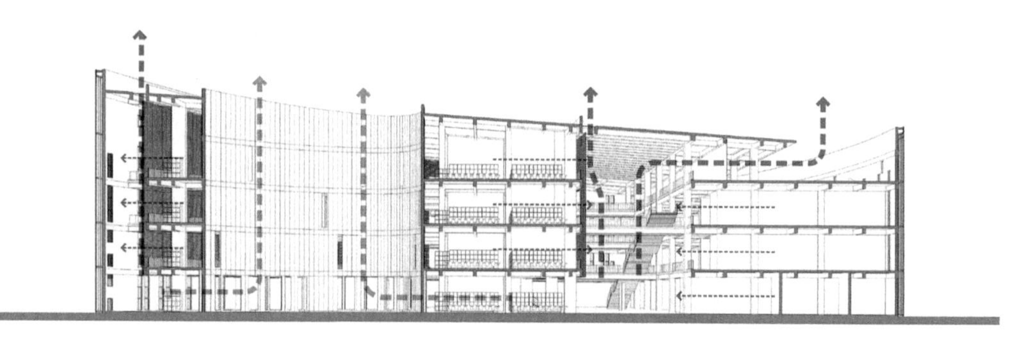

图 4-47　大连理工大学辽东湾校区图书信息中心剖面图

4.3.4　复合腔的汇总分析

对于功能和空间构成均较为复杂的大空间建筑而言，采用单一类型的腔体难以实现建筑整体的自然通风，需要结合功能和空间布局植入多种类型的复合化腔体空间，在其协同配合下实现对气流的调控与引导。在协同式植入模式下，复合腔的形态布局和性能特点如表 4-3 所示。

复合腔协同式植入的汇总分析　　表 4-3

	井道腔之间协同	中庭腔与井道腔协同	中庭腔与天井腔协同
腔体图示			
布局特点	将大空间进行单元式划分，在各单元分区内部和周边分别植入送风井道和排风井道	线性中庭贯穿于大空间建筑中央部位，周边式通风井道在大空间周边两侧呈点状分布	嵌入式线性中庭、周边式中庭或天井均匀分布于大空间内部，各类腔体在室内相互联通
性能特点	通过均匀井道与周边井道的协同配合，实现对气流更为精准的调控和组织； 形成对大空间的单元分区控制，缩短气流路径，有效应对大尺度空间自然通风的难点	在中庭和周边井道的协同作用下，气流在建筑内部呈“鱼骨”状分布，均匀地覆盖建筑内部的主体功能空间，形成室内均匀的流场分布	中庭和天井腔体通过室内公共开放空间相互联通，形成了连续通畅的气流运动路径，在热压作用的驱动下建立起稳定的自然通风系统

本章图表来源：

表中未注明图表均为作者自绘。

图表编号	图表名称	图表来源
图 4-2	天津大学新校区综合体育馆平面图	改绘自：闫昱．天津大学新校区综合体育馆［J］．建筑学报，2016（12）：54-61.
图 4-3	天津大学新校区综合体育馆的气流组织	改绘自：李兴刚．作为“介质”的结构——天津大学新校区综合体育馆设计［J］．建筑学报，2016（12）：62-65.
图 4-4	马耳他酿酒厂夜间通风模式	改绘自：C. 艾伦·肖特．面向不同气候条件下低耗能、高效、大进深公共建筑的设计策略类型学［J］．世界建筑，2004（08）：20-33.
图 4-5	马耳他酿酒厂日间通风模式	
图 4-6	英国天空广播公司演播室和办公室自然通风示意图	改绘自：珍妮·洛弗尔．建筑表皮设计要点指南［M］．南京：江苏科学技术出版社，2013.
图 4-7	英国天空广播公司周边井道局部	https://www.archdaily.com/382951/harlequin-1-arup-associates/51ade2ffb3fc4bbb7a00006b-harlequin-1-arup-associates-photo
图 4-8	英国天空广播公司透视图	
图 4-12	安亭镇文体活动中心平面图	张斌，周蔚．抽象和丰富之间——安亭镇文体活动中心设计［J］．建筑学报，2011（07）：84-85.
图 4-13	安亭镇文体活动中心的室外架空平台	
图 4-14	青浦体育中心平面图	莫羚卉子，陈波．体用为常——化解“宏大”秩序的上海青浦区体育文化活动中心［J］．时代建筑，2020（06）：132-139.
图 4-15	青浦体育中心剖面图	
图 4-16	青浦体育中心天井空间	
图 4-17	青浦体育中心鸟瞰图	
图 4-19	仙台媒体中心平面图	改绘自：https://www.ribenbang.com/1011780/
图 4-20	仙台媒体中心剖面图	
图 4-21	德蒙福特大学女王楼平面图	改绘自：肖葳，张彤．建筑体形性能机理与适应性体形设计关键技术［J］．建筑师，2019（06）：16-24.
图 4-22	德蒙福特大学女王楼剖面图	
图 4-23	康泰克特剧院剖面图	改绘自：C. 艾伦·肖特．面向不同气候条件下低耗能、高效、大进深公共建筑的设计策略类型学［J］．世界建筑，2004（08）：20-33.
图 4-24	康泰克特剧院透视图	https://cn.linkedin.com/company/contact-theatre
图 4-26	天津文化中心图书馆平面图	改绘自：山本理显，土岐晃司，牛征．天津图书馆设计［J］．建筑学报，2010（04）：38-40.
图 4-27	天津文化中心图书馆剖面图	
图 4-28	山东交通学院图书馆平面图	改绘自：袁镔．适用·经济·低造价绿色建筑实践　山东交通学院图书馆［J］．生态城市与绿色建筑，2010（01）：74-81.
图 4-29	山东交通学院图书馆剖面图	
图 4-30	威尔汉工厂通风示意图	www.wilkhahn.com
图 4-31	威尔汉工厂透视图	

续表

图表编号	图表名称	图表来源
图 4-33	云智大数据中心	张帆，张伶伶，李强．大空间建筑绿色设计的腔体导控技术［J］．建筑师，2020（03）：85-90.
图 4-34	云智大数据中心的三种腔体布局方案	
图 4-35	云智大数据中心剖面通风示意图	
图 4-37	考文垂大学图书馆平面图	改绘自：SHORT C A. The Recovery of Natural Environments in Architecture：Air，Comfort and Climate［M］．Routledge，2017：93-102.
图 4-38	考文垂大学图书馆井道送风示意图	
图 4-39	考文垂大学图书馆井道排风示意图	
图 4-41	杭州绿色建筑科技馆平面图	改绘自：华建集团科创中心绿建所提供
图 4-42	杭州绿色建筑科技馆剖面图	改绘自：陆正刚．杭州绿色建筑科技馆项目实施案例分析［J］．浙江建筑，2012（01）：65-68+71.
图 4-43	杭州绿色建筑科技馆透视图	https://www.jungreen.com/news/detail/38125696-6d47-4610-88b0-a7b501013780%20.html
图 4-44	津巴布韦东门中心剖面图	改绘自：赵继龙，徐娅琼．源自白蚁丘的生态智慧——津巴布韦东门中心仿生设计解析［J］．建筑科学，2010（02）：19-23.
图 4-46	大连理工大学辽东湾校区图书信息中心平面图	天作建筑提供
图 4-47	大连理工大学辽东湾校区图书信息中心剖面图	

结语

大空间建筑的自然通风是当今建筑师普遍关注的问题。腔体的植入设计是绿色建筑的有效手段之一。借助自然通风的生活经验和科学原理，建筑师一般能够做出初步的判断和选择。然而，究竟如何控制腔体的形态，如何优化腔体对大空间建筑的自然通风影响，却不是习惯于空间思维的建筑师所能够驾驭的问题。

从流体动力学的角度，自然通风好似于建筑设计的又一个“黑箱”。我们需要控制大空间和腔体的形态，需要达到人体舒适的自然通风效果，至于二者之间作用如何、规律如何，似乎并不重要。但是，恰恰是这一看似不重要的“作用和规律”，限制了建筑师对腔体的控制能力，限制了大空间自然通风效能的优化。有鉴于此，借助科学的模拟实验和数值分析方法，探讨大空间建筑的自然通风规律，揭示腔体对大空间自然通风的影响，成为我们研究的出发点和目标。

在这一立论基础上，利用 CFD 模拟实验平台，将井道腔体、天井腔体、中庭腔体的复杂形态转化为输入变量，输出风流量、风速、空气龄等大空间舒适度指标，对输入变量和输出指标组成的数据组，进行统计学的回归分析和相关性分析，以及反映数值空间分布的云图可视性分析，初步揭示了腔体形态变量与大空间舒适度指标之间的关联。通过对实际工程案例的进一步归纳，加深了对这一关联的认识。

在模拟实验和数值分析方面，有三点需要说明。

（1）关于模拟实验结果的整体把握。模拟实验的输入、输出变量比较复杂，类型多、数值多。在整体把握上可概括为四类，一是线性影响的，即自变量越大、因变量越大或越小；二是极值影响的，即在自变量取值范围内，因变量存在最大值或最小值；三是波动影响的，即自变量、因变量之间存在明显作用，但规律不明确，呈现波动状态；四是微弱影响的，即自变量与因变量之间无关联或关联微弱。

（2）关于模拟实验数据的复杂关联。任何一个模拟实验的输出结果，都是在一定的基础模型条件下，尽力排除其他变量的影响而获得的。模拟实验的数值分析，表面上是腔体变量与舒适度指标两个方面的数值关系，实质上还会受到环境变量、空间变量、腔体其他变量等多要素的综合作用。这一作用是复杂的，相关性分析的引入、关联性排序的得出，都是一次突破性的探索。

（3）关于模拟实验研究的深化拓展。当前大空间自然通风领域的研究，模拟实验是通常选用的技术路线。输出的实验数据比较丰富，但是方法和策略层面的总结相对较少，与建筑师、建筑创作的期望之间还存在相当的差距。论著虽已成文付梓，此种感受依然存在。在腔体多变量作用的综合性、特定类型大空间的针对性、变化环境的适应性等方面，还有很多未知的规律，需要我们进一步地深化拓展研究。

本论著是“十三五”国家重点研发计划资助项目“目标和效果导向的绿色建筑设计新方法及工具”（项目编号：2016YFC0700200）研究成果之一，感谢项目和课题负责人、全体研究人员的支持和鼓励。课题组成员张龙巍、王超、孙悦岑、陈彦百参加了部分章节的撰写、文稿整理工作。

参考文献

[1] 胡仁茂．大空间建筑设计研究［D］．上海：同济大学，2006.

[2] 李国豪，等．中国土木建筑百科辞典·建筑［M］．北京：中国建筑工业出版社，1999.

[3] 中国大百科全书总编辑委员会，中国大百科全书．建筑园林城市规划［M］．北京：中国大百科全书出版社，2004.

[4] 范存养．大空间建筑空调设计及工程实录［M］．北京：中国建筑工业出版社，2001.

[5] 中国建筑工业出版社，中国建筑学会．建筑设计资料集（第三版）第6分册体育·医疗·福利［M］．北京：中国建筑工业出版社，2017.

[6] 中国建筑工业出版社，中国建筑学会．建筑设计资料集（第三版）第4分册教科·文化·宗教·博览·观演［M］．北京：中国建筑工业出版社，2017.

[7] 李传成．大空间建筑通风节能策略［M］．北京：中国建筑工业出版社，2011.

[8] 郝琛，傅绍辉，吴迪．门头沟体育文化中心建筑表皮优化设计策略［J］．建筑技艺，2020，26（09）：105-107.

[9] 徐岩，傅绍辉，刘昱辰，等．基于设计主导的门头沟体育文化中心项目绿色设计策略研究［J］．华中建筑，2021，39（01）：82-87.

[10] 金晔．大中城市中心城区的体育场馆建设——浅析多功能中小型体育场馆的空间竖向叠加设计［J］．华中建筑，2012，30（07）：40-43.

[11] 白晓伟，刘德明，夏柏树，等．基于形态学矩阵的全民健身中心自然通风系统建构研究［J］．建筑学报，2020（S1）：1-5.

[12] 汤普森．生长和形态［M］．袁丽琴，译．上海：上海科学技术出版社，2003.

[13] SHAHDA M M，ELHAFEEZ M A，MOKADEM A E. Camel’s Nose Strategy：New Innovative Architectural Application for Desert Buildings［J］. Solar Energy，2018（176）：725-741.

[14] TURNER J S. Beyond Biomimicry：What Termites Can Tell Us About Realizing the Living Building［C］. First International Conference on Industrialized，Intelligent Construction（I3CON）. Loughborough University，2008（05）：1-18.

[15] CAMESASCA E，QUIGLY I. History of the House［M］. New York：Putnam，1971.

[16] 奇普·沙利文．庭园与气候［M］．沈浮，王志姗，译．北京：中国建筑工业出版社，2005.

[17] HYDE R. Climate Responsible Design：A Study of Buildings in Morderate and Hot Humid Climates［M］. London and New York：St Edmundsbury Press，2000.

[18] 理查·萨克森．中庭建筑开发与设计［M］．戴复东，吴庐生，等译．北京：中国建筑工业出版社，1990.

[19] 雷涛，袁滨．生态建筑中的中庭空间设计探讨［J］．建筑学报，2004（03）：68-69.

［20］李钢，吴耀华，李保峰．从“表皮”到“腔体器官”——国外三个建筑实例生态策略的解读［J］．建筑学报，2004（03）：51-53.
［21］李钢．建筑腔体生态策略［M］．北京：中国建筑工业出版社，2007.
［22］李钢，项秉仁．建筑腔体的类型学研究［J］．建筑学报，2006（11）：18-21.
［23］张帆，张伶伶，李强．大空间建筑绿色设计的腔体导控技术［J］．建筑师，2020（06）：85-90.
［24］李珺杰，朱宁．建筑中介空间被动式调节作用效果的实测验证——以大型公共建筑的中庭空间为例［J］．建筑学报，2016（09）：108-113.
［25］BEDNAR M. The New Atrium［M］. New York：McGraw-Hill，1986.
［26］HO D. Climatic responsive atrium design in Europe［J］. Architectural Research Quarterly，Volume1，Issue 03，March 1996：64-75.
［27］陈晓扬．大体量建筑的单元分区自然通风策略［J］．建筑学报，2009（11）：58-61.
［28］吴耀华，李钢．发展建筑腔体，深层楔入自然——蜂窝煤的启示［J］．新建筑，2005（6）：4-6.
［29］SMITH P F.Architecture in a Climate of Change. A Guide to Sustainable Design［M］. Burlington：Architectural Press，2005.
［30］吴耀华．大进深建筑中的“建筑腔体”生态设计策略研究［D］．武汉：华中科技大学，2005.
［31］夏柏树，张宁，陈彦百．基于回归分析的特大型火车站候车厅腔体通风设计策略［J］．沈阳建筑大学学报（自然科学版），2020，36（06）：1098-1105.
［32］孙岩，林刚，郑崇伟，等．1951～2010年沈阳地区风速及风能资源特征分析［J］．节能，2013，32（01）：7-9.
［33］中国气象局气象信息中心气象资料室．中国建筑热环境分析专用气象数据集［M］．北京：中国建筑工业出版社，2005.
［34］中华人民共和国住房和城乡建设部．公共建筑节能设计标准［S］．北京：中国建筑工业出版社，2015.
［35］第四机械工业部第十设计研究院．空气调节设计手册［M］．北京：中国建筑工业出版社，1983.
［36］北京市设备安装工程公司．全国通用通风井道计算表［M］．北京：中国建筑工业出版社，1977.
［37］朱颖心．建筑环境学［M］．北京：中国建筑工业出版社，2010.
［38］马秀麟，姚自明，邬彤，等．数据分析方法及应用［M］．北京：人民邮电出版社，2015.302.
［39］夏柏树，张宁，白晓伟．大型火车站候车厅腔体植入设计的舒适度关联研究［J］．建筑技艺，2020（07）：98-101.
［40］李兴刚．作为“介质”的结构——天津大学新校区综合体育馆设计［J］．建筑学报，2016

（12）：62-65.
［41］C. 艾伦·肖特，陈海亮. 面向不同气候条件下低耗能、高效、大进深公共建筑的设计策略类型学［J］. 世界建筑，2004（08）：20-33.
［42］珍妮·洛弗尔. 建筑表皮设计要点指南［M］. 南京：江苏科学技术出版社，2013.
［43］张斌，周蔚. 抽象和丰富之间——安亭镇文体活动中心设计［J］. 建筑学报，2011（07）：84-85.
［44］莫羚卉子，陈波. 体用为常——化解“宏大”秩序的上海青浦区体育文化活动中心［J］. 时代建筑，2020（06）：132-139.
［45］沈铁. 站在机器时代与数字时代的交叉口——细读仙台媒体中心［J］. 新建筑，2005（05）：63-65.
［46］张伶伶，赵伟峰，陈雪松. 平实自然的选择——大连理工大学辽滨校区图书信息中心设计［J］. 建筑学报，2013（12）：94-95.
［47］肖葳，张彤. 建筑体形性能机理与适应性体形设计关键技术［J］. 建筑师，2019（06）：16-24.
［48］侯寰宇，张颀. 共享空间的形态演进与生态发展［J］. 新建筑，2018（01）：104-108.
［49］山本理显，土岐晃司，牛征. 天津图书馆设计［J］. 建筑学报，2010（04）：38-40.
［50］袁镔. 适用·经济·低造价绿色建筑实践　山东交通学院图书馆［J］. 生态城市与绿色建筑，2010（01）：74-81.
［51］赵继龙，徐娅琼. 源自白蚁丘的生态智慧——津巴布韦东门中心仿生设计解析［J］. 建筑科学，2010（02）：19-23.
［52］陆正刚. 杭州绿色建筑科技馆项目实施案例分析［J］. 浙江建筑，2012（01）：65-68+71.